사관학교 · 대학수학능력 시험대비

사주만에 다끝내는 리얼 출제문제집

사다리 사관학교
기출문제 총정리 최신판

수학영역

정수연 저

씨마스21

정 수 연

과학기술원을 졸업하다. 같은 대학교 대학원에서

바이오 메디컬 로보틱스 전공 석박사 통합과정 수학하다.

수학전문학원 [수학의 힘] 경인본원에서 강의하다.

지금 [사과나무학원] 은평관에서 강의하다.

<사관학교 기출보감>, <경찰대학 기출보감> 수학과목 집필하다.

새 교육과정에 맞춘 <사다리 실전모의고사 수학영역> ·

<사다리 사관학교 기출문제 총정리 수학영역> 출간하다.

유튜브 [기대 그이상의 수학! 정수연수학] 진행하다.

머리말

2022학년도부터 시행되는 대학수학능력시험의 수학 영역은 많은 변화가 있다.

가장 두드러진 특징은 계열 구분에 따라 수학 영역을 가형과 나형으로 분리하여 시행하던 방식에서 계열 구분 없이 실시한다는 점이다. 수학 1과 수학 2를 공통 과목으로 묶고 확률과 통계, 미적분, 기하 중에서 1개 과목을 선택하는 교과 선택형 시험 형태로 바뀐다.

개편된 대학수학능력시험의 출제 방식에 맞춰, 각군 사관학교에서는 신입생 선발을 위한 입시요강을 발표하였다. 사관학교는 특성상 인문계열과 자연계열로 계열 구분 지원을 유지하되, 자연계열의 경우 선택 과목을 미적분과 기하로 제한하는 입시 요강을 발표하였다. 사관학교는 대학수학능력시험과 같은 유형ㆍ형태ㆍ양식으로 수학 영역 시험을 운용한다.

이 책의 구성

1. 기출문제 총정리 편에서는 기출 문항 중에서 반드시 풀어보아야 하는 완성도 높은 문제들을 수학 1, 수학 2의 공통 과목과 확률과 통계, 미적분, 기하 등 선택 과목 별로 선별한 후 각 과목의 단원별로 수록하였다.

2. 기출문제 총정리의 문항 배치는 새교육과정의 수학 교과 편제와 연계하여 순서대로 수록하였다.

사관학교(경찰대) 시험에서 고득점과 대학수학능력시험에서 고등급을 준비하는 상위권 학생에게는 상세한 해설이 오히려 시험준비에 도움이 되지 않는다. 대신에 직관적으로 문제를 해결하는 데 도움이 될 수 있도록 해설작업을 하였다. 문제해결을 위해 충분히 떠올릴 수 있는 상황과 그래프 등을 제시하는 해설 방법을 도입하였다. 해설에서 제시한 풀이와 상황 해석이 어떻게 등장했는지 학생 스스로 생각하며 자신에 맞는 문제 해결 능력을 발전시켜 숙달하여야 한다.

끝으로 이 책으로 공부한 학생들이 대학수학능력시험ㆍ사관학교 입시에서 좋은 결과가 있기를 기원하며 각 분야에서 전문인으로 성공하기를 희망한다. 이 책의 부족한 부분은 계속 보완해 나갈 것을 약속드린다.

하가헌 서재에서
저자 두손모아

PART I
사다리 수학영역 기출문제 총정리

PART II
사다리 수학영역 기출문제 정답과 해설

부록

사다리 수학영역 기출문제 인덱스

[사관학교/수능/경찰대학 1차 시험 시간표 비교]

구분	시간		
	사관학교	수능	경찰대학
수험생 입실(입실시간 종료 후에 수험장 입실 및 응시 불가)	08:10~08:30 (20분)	00:00~08:10 (00분)	07:30~08:30 (60분)
수험생 주의사항 안내	08:30~09:00 (30분)	08:10~08:30 (30분)	08:30~09:00 (30분)
답안지 · 문제지 배부	09:00~09:10 (10분)	08:30~08:40 (10분)	09:00~09:10 (10분)
제1교시 – 국어 [공통]	09:10~10:00 (50분)	08:40~10:00 (80분)	09:10~10:10 (60분)
휴식	10:00~10:20 (20분)	10:00~10:20 (20분)	10:10~10:30 (20분)
답안지 · 문제지 배부	10:20~10:30 (10분)	10:20~10:30 (10분)	10:30~10:40 (10분)
제2교시 – 영어/수학[수능]	10:30~11:20 (50분)	10:30~12:10 (100분)	10:40~11:40 (60분)
휴식(사관학교, 경찰대학), 중식(수능)	11:20~11:40 (20분)	12:10~13:00 (50분)	11:40~12:00 (20분)
답안지 · 문제지 배부	11:40~11:50 (10분)	13:00~13:10 (10분)	12:00~12:10 (10분)
제3교시 – 수학/영어[수능]	11:50~13:30 (100분)	13:10~14:20 (70분)	12:10~13:30 (80분)

[사관학교/수능/경찰대학 1차 시험 비교]

과목 \ 학교		사관학교	수능	경찰대학
국어	문항수	30문항	45문항	45문항
	시험시간	50분	80분	60분
	문항	공통 [문학, 독서] 30문항 [3점] 20문항, [4점] 10문항	공통 [문학, 독서] 34문항 선택 [화법과 작문] 11문항 [언어와 매체] 11문항 [2점] 35문항, [3점] 10문항	공통 [문학, 독서] [2점] 35문항, [3점] 10문항
영어	문항수	30문항	45문항	45문항
	시험시간	50분	70분	60분
	문항	상대 평가 – [영어 I, 영어 II] 듣기 없음 [3점] 20문항, [4점] 10문항	절대 평가 – [영어 I, 영어 II] [듣기] 17문항 [독해] 28문항 [2점] 35문항, [3점] 10문항	상대 평가 – [영어 I, 영어 II] 듣기 없음 [2점] 35문항, [3점] 10문항
수학	문항수	30문항	30문항	25문항
	시험시간	100분	100분	80분

	문항	공통 [수학 I, 수학 II] 22문항
		선택 [확률과 통계] 8문항
		   [미적분] 8문항
		   [기하] 8문항
		[2점] 문항, [3점] 문항, [4점] 문항
			공통 [수학 I, 수학 II] 22문항
			선택 [확률과 통계] 8문항
			   [미적분] 8문항
			   [기하] 8문항
			[2점] 문항, [3점] 문항, [4점] 문항
				공통 [수학 I, 수학 II] 25문항
				
				[3점] 문항, [4점] 문항, [5점] 문항

PART I

사다리 수학영역

기출문제 총정리

공통 과목
과목: 수학 1
단원: 지수와 로그

수학 영역(공통)

01

1이 아닌 두 양수 a, b에 대하여

$$a^2 \cdot \sqrt[5]{b} = 1$$

이 성립할 때, $\log_a \dfrac{1}{ab}$의 값은? [2점]

① -9 ② -3 ③ 3 ④ 5 ⑤ 9

02

다음 [보기]에서 항상 옳은 것을 모두 고른 것은? [4점]

─ 보기 ─

ㄱ. $1<a<b$이고 $0<\log_a c<1$이면 $\log_b c>\log_b a$이다.

ㄴ. $0<a<1<b$이고 $0<\log_a c<1$이면 $\log_b a<\log_b c$이다.

ㄷ. $0<a<b<1$이고 $\log_a c<0$이면 $\log_a b<\log_c b$이다.

① ㄱ   ② ㄴ   ③ ㄷ   ④ ㄴ, ㄷ   ⑤ ㄱ, ㄴ, ㄷ

03 방정식 $3(1-\log_2 x)^2 - 2(1-\log_2 x) - 4 = 0$의 두 근을 각각 α, β라 할 때, $\alpha^3 \beta^3$의 값을 구하시오. [3점]

04 기울기가 -1인 직선 l이 곡선 $y=\log_2 x$와 만나는 점을 A(a, b), 직선 l이 곡선 $y=\log_4(x+2)$ 와 만나는 점을 B(c, d)라고 하자. $\overline{\mathrm{AB}}=\sqrt{2}$ 일 때, $a+c$의 값은? (단, $1<a<c$) [3점]

① 9   ② 10   ③ 11   ④ 12   ⑤ 13

수학 영역(공통)

05 함수 $y=f(x)$의 그래프는 함수 $y=3^x$의 그래프를 x축의 방향으로 -1만큼, y축의 방향으로 -2만큼 평행이동한 것이다. [보기]에서 옳은 것을 모두 고른 것은? [3점]

┌─ 보 기 ─┐

ㄱ. $y=f(x)$의 그래프가 점 (a, b)를 지나면
　　$a=\log_3(b+2)-1$이다.

ㄴ. 두 함수 $y=f(x)$와 $y=3^x$의 그래프는 한 점에서
　　만난다.

ㄷ. 부등식 $f(x)<3^x$를 만족시키는 x의 값의 범위는
　　$x<0$이다.

① ㄴ　　　② ㄷ　　　③ ㄱ, ㄴ　　　④ ㄱ, ㄷ　　　⑤ ㄱ, ㄴ, ㄷ

06 다음 등식을 만족시키는 세 실수 a, b, c가 있다.

$$\left(\frac{1}{3}\right)^a = 2a, \quad \left(\frac{1}{3}\right)^{2b} = b, \quad \left(\frac{1}{2}\right)^{2c} = c$$

이때, 세 실수 a, b, c의 대소 관계를 옳게 나타낸 것은? [4점]

① $a<b<c$　　② $a<c<b$　　③ $b<a<c$　　④ $b<c<a$　　⑤ $c<a<b$

07

다음을 만족시키는 실수 x의 개수는? [3점]

$$(x^2-2x)^{x^2+6x+5}=1$$

① 1   ② 2   ③ 3   ④ 4   ⑤ 5

08 모든 실수 x에 대하여 부등식

$$2^{4x}+a\cdot2^{2x-1}+10>\frac{3}{4}a$$

를 만족시키는 자연수 a의 최댓값은? [3점]

① 11 ② 13 ③ 15 ④ 17 ⑤ 19

09 그림과 같이 직선 $y=\dfrac{2}{3}$가 두 곡선 $y=\log_a x$, $y=\log_b x$와 만나는 점을 각각 P, Q라 하자. 점 P를 지나고 x축에 수직인 직선이 곡선 $y=\log_b x$와 x축과 만나는 점을 각각 A, B라 하고, 점 Q를 지나고 x축에 수직인 직선이 곡선 $y=\log_a x$와 x축과 만나는 점을 각각 C, D라 하자.

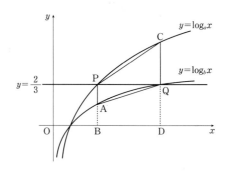

$\overline{\mathrm{PA}}=\overline{\mathrm{AB}}$이고, 사각형 PAQC의 넓이가 1일 때, 두 상수 a, b의 곱 ab의 값은? (단, $1<a<b$이다.) [4점]

① $12\sqrt{2}$　　② $14\sqrt{2}$　　③ $16\sqrt{2}$　　④ $18\sqrt{2}$　　⑤ $20\sqrt{2}$

10 두 수 n, α가 다음 두 조건을 만족시킨다.

(가) n은 자연수이고, $0<\alpha<\dfrac{1}{2}$이다.

(나) $\log_4 n = 1-\alpha$

등식 $\log_2 m^2 = n+\alpha$를 만족시키는 실수 m에 대하여 $3m^4$의 값을 구하시오. [3점]

11 방정식 $\sqrt{15}\,x^{\log_{15}x}=x^2$의 모든 실근의 곱은? [3점]

① 15   ② 15^2 ③ 30   ④ $\dfrac{15}{2}$ ⑤ $\sqrt{15}$

12 x, y에 대한 연립방정식

$$\begin{cases} \log_3 x + \log_2 \dfrac{1}{y} = 1 \\ \log_9 3x + \log_{\frac{1}{2}} y = 1 - \dfrac{k}{2} \end{cases}$$

의 해를 $x = \alpha$, $y = \beta$라 할 때, $\alpha \leq \beta$를 만족시키는 정수 k의 최댓값은? [3점]

① -5 ② -4 ③ -3 ④ -2 ⑤ -1

13 그림과 같이 $0<a<b<1$인 두 실수 a, b에 대하여 곡선 $y=a^x$ 위의 두 점 A, B의 x좌표는 각각 $\dfrac{b}{4}$, a이고, 곡선 $y=b^x$ 위의 두 점 C, D의 x좌표는 각각 b, 1이다. 두 선분 AC와 BD가 모두 x축과 평행할 때, a^2+b^2의 값은? [3점]

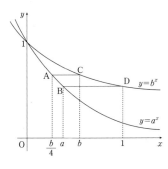

① $\dfrac{7}{16}$　　② $\dfrac{1}{2}$　　③ $\dfrac{9}{16}$　　④ $\dfrac{5}{8}$　　⑤ $\dfrac{11}{16}$

14 $\log_{25}(a-b) = \log_9 a = \log_{15} b$를 만족시키는 두 양수 a, b에 대하여 $\dfrac{b}{a}$의 값은? [3점]

① $\dfrac{\sqrt{5}-1}{3}$ 　② $\dfrac{\sqrt{5}-1}{2}$ 　③ $\dfrac{\sqrt{2}+\sqrt{5}}{5}$ 　④ $\dfrac{\sqrt{2}+1}{4}$ 　⑤ $\dfrac{\sqrt{2}+1}{3}$

15 지수방정식 $9^x - 2(a+4)3^x - 3a^2 + 24a = 0$의 서로 다른 두 근이 모두 양수가 되도록 하는 모든 정수 a의 값의 합을 구하시오. [4점]

16   로그방정식

$$\log_2(3x^2+7x)=1+\log_2(x+1)$$

의 해는 $x=\dfrac{q}{p}$ 이다. p^2+q^2 의 값을 구하시오. (단, p, q는 서로소인 자연수이다.) [3점]

17 연립방정식

$$\begin{cases} \log_x y = \log_3 8 \\ 4(\log_2 x)(\log_3 y) = 3 \end{cases}$$

의 해를 $x=\alpha$, $y=\beta$라 할 때, $\alpha\beta$의 값은? (단, $\alpha>1$이다.) [3점]

① 4   ② $2\sqrt{5}$ ③ $2\sqrt{6}$ ④ $2\sqrt{7}$ ⑤ $4\sqrt{2}$

18 $\log_m 2 = \dfrac{n}{100}$ 을 만족시키는 자연수의 순서쌍 $(m,\ n)$의 개수를 구하시오. [3점]

19 세 양수 a, b, c에 대하여

$$\begin{cases} \log_{ab}3 + \log_{bc}9 = 4 \\ \log_{bc}3 + \log_{ca}9 = 5 \\ \log_{ca}3 + \log_{ab}9 = 6 \end{cases}$$

이 성립할 때, abc의 값은? [4점]

① 1   ② $\sqrt{3}$ ③ 3   ④ $3\sqrt{3}$ ⑤ 9

20 곡선 $y=\log_3 9x$ 위의 점 $A(a,\ b)$를 지나고 x축에 평행한 직선이 곡선 $y=\log_3 x$와 만나는 점을 B, 점 B를 지나고 y축에 평행한 직선이 곡선 $y=\log_3 9x$와 만나는 점을 C라 하자. $\overline{AB}=\overline{BC}$일 때, $a+3^b$의 값은? (단, $a,\ b$는 상수이다.) [3점]

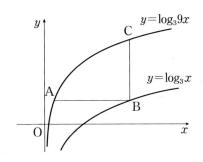

① $\dfrac{1}{2}$ ② 1 ③ $\dfrac{3}{2}$ ④ 2 ⑤ $\dfrac{5}{2}$

21 $x>1$일 때, $\log_x 1000 + \log_{100} x^4$가 $x=a$에서 최솟값 m을 갖는다. $\log_{10} a^m$의 값은? [3점]

① 6　　　　② 7　　　　③ 8　　　　④ 9　　　　⑤ 10

22

두 실수 x, y가

$$\log_2(x+\sqrt{2}\,y)+\log_2(x-\sqrt{2}\,y)=2$$

를 만족할 때, $|x|-|y|$의 최솟값은? [4점]

① $\dfrac{\sqrt{2}}{4}$ ② $\dfrac{1}{2}$ ③ $\dfrac{\sqrt{2}}{2}$ ④ 1 ⑤ $\sqrt{2}$

수학 영역(공통)

23 $\log_a b = \dfrac{3}{2}$, $\log_c d = \dfrac{3}{4}$을 만족시키는 자연수 a, b, c, d에 대하여 $a-c=19$일 때, $b-d$의 값을 구하시오. [4점]

24 $\sqrt[m]{64} \times \sqrt[n]{81}$ 의 값이 자연수가 되도록 하는 2 이상의 자연수 m, n의 모든 순서쌍 (m, n)의 개수는? [3점]

　① 2　　　　　② 4　　　　　③ 6　　　　　④ 8　　　　　⑤ 10

25 그림과 같은 5개의 칸에 5개의 수 $\log_a 2$, $\log_a 4$, $\log_a 8$, $\log_a 32$, $\log_a 128$을 한 칸에 하나씩 적는다. 가로로 나열된 3개의 칸에 적힌 세 수의 합과 세로로 나열된 3개의 칸에 적힌 세 수의 합이 15로 서로 같을 때, a의 값은? [3점]

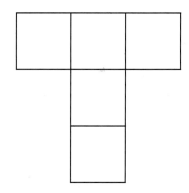

① $2^{\frac{1}{3}}$ ② $2^{\frac{2}{3}}$ ③ 2 ④ $2^{\frac{4}{3}}$ ⑤ $2^{\frac{5}{3}}$

26

$a>1$인 실수 a에 대하여 좌표평면에 두 곡선

$$y=a^x,\ y=\left|a^{-x-1}-1\right|$$

이 있다. [보기]에서 옳은 것만을 있는 대로 고른 것은? [4점]

┌─ 보 기 ┐

ㄱ. 곡선 $y=\left|a^{-x-1}-1\right|$은 점 $(-1,\ 0)$을 지난다.

ㄴ. $a=4$이면 두 곡선의 교점의 개수는 2이다.

ㄷ. $a>4$이면 두 곡선의 모든 교점의 x좌표의 합은 -2보다 크다.

① ㄱ   ② ㄱ, ㄴ   ③ ㄱ, ㄷ   ④ ㄴ, ㄷ   ⑤ ㄱ, ㄴ, ㄷ

27 함수 $f(x)=\log_2 kx$에 대하여 곡선 $y=f(x)$와 직선 $y=x$가 두 점 A, B에서 만나고 $\overline{\text{OA}}=\overline{\text{AB}}$이다. 함수 $f(x)$의 역함수를 $g(x)$라 할 때, $g(5)$의 값을 구하시오. (단, k는 0이 아닌 상수이고, O는 원점이다.) [3점]

28 $\dfrac{4}{3^{-2}+3^{-3}}$ 의 값은? [2점]

① 9   ② 18   ③ 27   ④ 36   ⑤ 45

수학 영역(공통)

29 그림과 같이 직선 $y=mx+2(m>0)$이 곡선 $y=\dfrac{1}{3}\left(\dfrac{1}{2}\right)^{x-1}$과 만나는 점을 A,

직선 $y=mx+2$가 x축, y축과 만나는 점을 각각 B, C라 하자. $\overline{\text{AB}}:\overline{\text{AC}}=2:1$일 때, 상수

m의 값은? [3점]

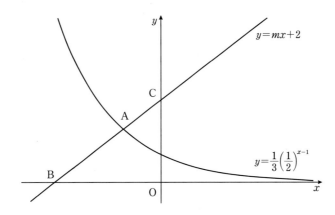

① $\dfrac{7}{12}$ ② $\dfrac{5}{8}$ ③ $\dfrac{2}{3}$ ④ $\dfrac{17}{24}$ ⑤ $\dfrac{3}{4}$

30 곡선 $y=|\log_2(-x)|$를 y축에 대하여 대칭이동한 후 x축의 방향으로 k만큼 평행이동한 곡선을 $y=f(x)$라 하자. 곡선 $y=f(x)$와 곡선 $y=|\log_2(-x+8)|$이 세 점에서 만나고 세 교점의 x좌표의 합이 18일 때, k의 값은? [4점]

① 1   ② 2   ③ 3   ④ 4   ⑤ 5

31 $\log_3 a \times \log_3 b = 2$이고 $\log_a 3 + \log_b 3 = 4$일 때, $\log_3 ab$의 값을 구하시오. [3점]

공통 과목
과목: 수학 1
단원: 삼각함수

01 두 함수 $f(\theta)$와 $g(\theta)$를

$$f(\theta) = \frac{\sin(\pi+\theta)}{1+\cos\left(\dfrac{\pi}{2}+\theta\right)},$$

$$g(\theta) = \frac{\cos(\pi+\theta)}{1+\cos\left(\dfrac{3\pi}{2}-\theta\right)}$$

로 정의할 때, $f(\theta)f(-\theta)g(\theta)g(-\theta)$를 간단히 하면? [3점]

① $-\dfrac{1}{\tan^2\theta}$ ② $-\tan^2\theta$ ③ $\dfrac{1}{\cos^2\theta}$ ④ $\tan^2\theta$ ⑤ $\dfrac{1}{\tan^2\theta}$

02 곡선 $y=3\cos\left(2x-\dfrac{\pi}{4}\right)$와 두 직선 $y=2$,

$y=-2$가 만나는 점의 x좌표를 원점에서 가까운 것부터 차례대로 α, β, γ, δ라 할 때,

$\alpha+\beta+\gamma+\delta$의 값은? [3점]

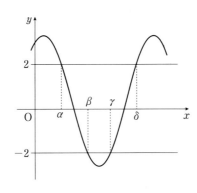

① $\dfrac{5\pi}{2}$　　　② 3π　　　③ $\dfrac{7\pi}{2}$　　　④ 4π　　　⑤ $\dfrac{9\pi}{2}$

03 [그림 1]과 같이 길이가 21cm인 막대에 반지름이 7cm인 원모양의 시계추가 매달려 있다. 시계추가 [그림 1]의 위치에서 출발하여 [그림 2]의 A의 위치에 도달하였다. 이 때, 시계추의 중심은 수직 방향으로는 14cm 위에 있다. 이 시계추의 중심이 움직인 거리는? [3점]

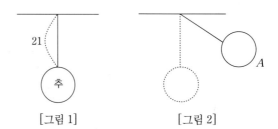

21

추

[그림 1]　　　　　　　[그림 2]

A

① 21cm　　　② 28cm　　　③ $\dfrac{20\pi}{3}$cm　　　④ $\dfrac{28\pi}{3}$cm　　　⑤ $\dfrac{32\pi}{3}$cm

04 그림과 같이 직사각형 ABCD의 꼭짓점 A에서 대각선 BD에 내린 수선의 발을 E, 점 E에서 두 변 BC와 CD에 내린 수선의 발을 각각 F와 G라 하자. $\overline{EF}=a$이고 $\overline{EG}=b$일 때, 대각선 BD의 길이는? [4점]

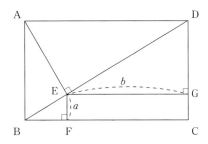

① $\sqrt{2}\,(a+b)$ 　② $2\sqrt{a^2+b^2}$ 　③ $(\sqrt{a}+\sqrt{b}\,)^2$ 　④ $\left(a^{\frac{1}{3}}+b^{\frac{1}{3}}\right)^3$ 　⑤ $\left(a^{\frac{2}{3}}+b^{\frac{2}{3}}\right)^{\frac{3}{2}}$

05 방정식 $\frac{1}{3}\log_2 x = \cos 3\pi x$ 를 만족시키는 실수 x의 개수는? [3점]

① 22   ② 23   ③ 24   ④ 25   ⑤ 26

06 그림과 같이 중심이 O이고 반지름의 길이가 3인 원 위의 점 A에 대하여 $\sin(\angle OAB) = \dfrac{1}{3}$이 되도록 원 위에 점 B를 잡는다. 점 B에서의 접선과 선분 AO의 연장선이 만나는 점을 C라 할 때, 삼각형 ACB의 넓이는? [4점]

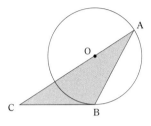

① $\dfrac{24}{7}\sqrt{2}$ ② $\dfrac{26}{7}\sqrt{2}$ ③ $4\sqrt{2}$ ④ $\dfrac{30}{7}\sqrt{2}$ ⑤ $\dfrac{32}{7}\sqrt{2}$

07 다음 그림과 같이 네 개의 원이 서로 내접 또는 외접하고 있다. 중심이 A인 원의 반지름의 길이는 3이고, 중심이 B인 원의 반지름의 길이는 4이며, 세 중심 A, B, C는 같은 직선에 있다. 이때, 중심이 D인 원의 반지름의 길이는? [4점]

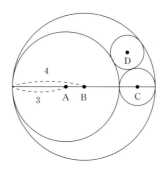

① $\dfrac{\sqrt{2}}{2}$ ② $\dfrac{11}{12}$ ③ $\dfrac{2\sqrt{2}-1}{2}$ ④ $\dfrac{12}{13}$ ⑤ $\dfrac{14}{15}$

08 평행사변형 ABCD에서

$$\overline{AC}=\sqrt{7},\ \overline{BD}=\sqrt{13},\ \angle ABC=60°$$

이고 두 대각선이 이루는 각의 크기가 θ일 때, $\sin^2\theta$의 값은? [3점]

① $\dfrac{27}{91}$ ② $\dfrac{30}{91}$ ③ $\dfrac{33}{91}$ ④ $\dfrac{36}{91}$ ⑤ $\dfrac{39}{91}$

09 아래 그림과 같이 서로 접하고 있는 세 원의 중심은 A, B, C이고 반지름의 길이의 비가 2:3:4이다. $\angle ACB = \theta$라 할 때, $\cos\theta$의 값은? [3점]

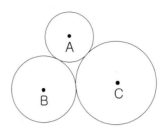

① $\dfrac{2}{5}$ ② $\dfrac{4}{9}$ ③ $\dfrac{2}{3}$ ④ $\dfrac{5}{7}$ ⑤ $\dfrac{3}{4}$

10 원에 내접하는 사각형 ABCD에 대하여 $\overline{AB}=1$, $\overline{BC}=3$, $\overline{CD}=4$, $\overline{DA}=6$이다. 사각형 ABCD의 넓이는? [4점]

① $5\sqrt{2}$　　　② $6\sqrt{2}$　　　③ $7\sqrt{2}$　　　④ $8\sqrt{2}$　　　⑤ $9\sqrt{2}$

11 함수 $f(x)=\cos^2 x-4\cos\left(x+\dfrac{\pi}{2}\right)+3$의 최댓값은? [3점]

① 1   ② 3   ③ 5   ④ 7   ⑤ 9

12 $0 \le x < 8$일 때, 방정식 $\sin\dfrac{\pi x}{2} = \dfrac{3}{4}$의 모든 해의 합을 구하시오. [3점]

13 $\angle BAC = \theta \left(\dfrac{2}{3}\pi \le \theta < \dfrac{3}{4}\pi\right)$인 삼각형 ABC의 외접원의 중심을 O, 세 점 B, O, C를 지나는 원의 중심을 O′이라 하자. 다음은 점 O′이 선분 AB 위에 있을 때, $\dfrac{\overline{BC}}{\overline{AC}}$의 값을 θ에 대한 식으로 나타내는 과정이다.

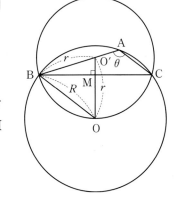

삼각형 ABC의 외접원의 반지름의 길이를 R라 하면 사인법칙에 의하여

$$\frac{\overline{BC}}{\sin\theta} = 2R$$

세 점 B, O, C를 지나는 원의 반지름의 길이를 r라 하자. 선분 O′O는 선분 BC를 수직이등분하므로 이 두 선분의 교점을 M 이라 하면

$$\overline{O'M} = r - \overline{OM} = r - |R\cos\theta|$$

직각삼각형 O′BM에서

$$R = \boxed{\text{(가)}} \times r$$

이므로

$$\sin(\angle O'BM) = \boxed{\text{(나)}}$$

따라서 삼각형 ABC에서 사인법칙에 의하여

$$\frac{\overline{BC}}{\overline{AC}} = \boxed{\text{(다)}}$$

위의 (가), (나), (다)에 알맞은 식을 각각 $f(\theta)$, $g(\theta)$, $h(\theta)$라 하자.

$\cos\alpha = -\dfrac{3}{5}$, $\cos\beta = -\dfrac{\sqrt{10}}{5}$인 α, β에 대하여 $f(\alpha) + g(\beta) + \left\{h\left(\dfrac{2}{3}\pi\right)\right\}^2 = \dfrac{q}{p}$ 이다.

$p + q$의 값을 구하시오. (단, p와 q는 서로소인 자연수이다.) [4점]

14 이차방정식 $5x^2 - x + a = 0$의 두 근이 $\sin\theta$, $\cos\theta$일 때, 상수 a의 값은? [3점]

① $-\dfrac{12}{5}$ ② -2 ③ $-\dfrac{8}{5}$ ④ $-\dfrac{6}{5}$ ⑤ $-\dfrac{4}{5}$

15 그림과 같이 중심이 O_1이고 반지름의 길이가 $r(r>3)$인 원 C_1과 중심이 O_2이고 반지름의 길이가 1인 원 C_2에 대하여 $\overline{O_1O_2}=2$이다. 원 C_1 위를 움직이는 점 A에 대하여 직선 AO_2가 원 C_1과 만나는 점 중 A가 아닌 점을 B라 하자. 원 C_2 위를 움직이는 점 C에 대하여 직선 AC가 원 C_1과 만나는 점 중 A가 아닌 점을 D라 하자. 다음은 $\overline{BD}$가 최대가 되도록 네 점 A, B, C, D를 정할 때, $\overline{O_1C}^2$을 r에 대한 식으로 나타내는 과정이다.

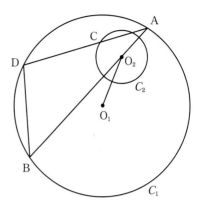

삼각형 ADB에서 사인법칙에 의하여

$$\frac{\overline{BD}}{\sin A}=\boxed{(가)}$$

이므로 $\overline{BD}$가 최대이려면 직선 AD가 원 C_2와 점 C에서 접해야 한다.

이때 직각삼각형 ACO_2에서 $\sin A=\dfrac{1}{\overline{AO_2}}$이므로

$$\overline{BD}=\frac{1}{\overline{AO_2}}\times\boxed{(가)}$$

이다.

그러므로 직선 AD가 원 C_2와 점 C에서 접하고 $\overline{AO_2}$가 최소일 때 $\overline{BD}$는 최대이다.

$\overline{AO_2}$의 최솟값은

$$\boxed{(나)}$$

이므로 $\overline{BD}$가 최대일 때,

$$\overline{O_1C}^2=\boxed{(다)}$$

이다.

위의 (가), (나), (다)에 알맞은 식을 각각 $f(r)$, $g(r)$, $h(r)$라 할 때, $f(4)\times g(5)\times h(6)$의 값은? [4점]

① 216   ② 192   ③ 168   ④ 144   ⑤ 120

공통 과목
과목: 수학 1
단원: 수열

01 0이 아닌 세 실수 a, b, c가 다음 조건을 만족시킬 때, $a+b+c$의 값은? [3점]

> (가) a, b, c는 이 순서대로 등비수열을 이룬다.
>
> (나) $ab=c$
>
> (다) $a+3b+c=-3$

① -21 ② -18 ③ -15 ④ -12 ⑤ -9

02 그림과 같이 좌표평면에서 직선 $x=k$가 곡선 $y=2^x+4$와 만나는 점을 A_k라 하고, 직선 $x=k+1$이 직선 $y=x$와 만나는 점을 B_{k+1}이라 하자. 선분 $\mathrm{A}_k\mathrm{B}_{k+1}$을 대각선으로 하고 각 변은 x축 또는 y축에 평행한 직사각형의 넓이를 S_k라 할 때,

$\displaystyle\sum_{k=1}^{8} S_k$의 값은? [3점]

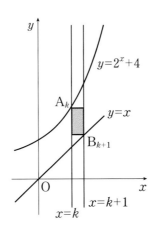

① 494　　　② 496　　　③ 498　　　④ 500　　　⑤ 502

03 첫째항이 1이고, 둘째항이 p인 수열 $\{a_n\}$이 $a_{n+2} = a_n + 2 \, (n \geq 1)$를 만족시킨다.

$\sum\limits_{k=1}^{10} a_k = 70$일 때, 상수 p의 값은? [3점]

① 5   ② 6   ③ 7   ④ 8   ⑤ 9

04 x에 대한 이차방정식 $x^2-kx+72=0$의 두 근 α, β에 대하여 α, β, $\alpha+\beta$가 이 순서대로 등차수열을 이룰 때, 양수 k의 값을 구하시오. [3점]

05 좌표평면에서 자연수 n에 대하여 세 직선 $y=x+1$, $y=-x+2n+1$, $y=\dfrac{x}{n+1}$로 둘러싸인 삼각형의 내부(경계선 제외)에 있는 점 (x, y) 중에서 x, y가 모두 자연수인 점의 개수를 a_n이라 하자. $a_n=133$인 n의 값을 구하시오. [4점]

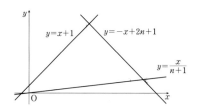

06 정수 d는 다음 조건을 만족시키는 등차수열 $\{a_n\}$의 공차이다.

(가) $a_1 = -2016$

(나) $\displaystyle\sum_{k=n}^{2n} a_k = 0$인 자연수 n이 존재한다.

모든 d의 합을 k라 할 때, k를 1000으로 나눈 나머지를 구하시오. [4점]

수학 영역(공통)

07 자연수 n에 대하여 원 $x^2+y^2=n^2$과 곡선 $y=\dfrac{k}{x}$ $(k>0)$이 서로 다른 네 점에서 만날 때, 이 네 점을 꼭짓점으로 하는 직사각형을 만든다. 이 직사각형에서 긴 변의 길이가 짧은 변의 길이의 2배가 되도록 하는 k의 값을 $f(n)$이라 하자. $\displaystyle\sum_{n=1}^{12}f(n)$의 값을 구하시오. [4점]

08

자연수 n에 대하여 좌표평면 위에 두 점 $P_n(n, 2n)$, $Q_n(2n, 2n)$이 있다.

선분 P_nQ_n과 곡선 $y = \dfrac{1}{k}x^2$이 만나도록 하는 자연수 k의 개수를 a_n이라 할 때,

$\displaystyle\sum_{n=1}^{15} a_n$의 값을 구하시오. [4점]

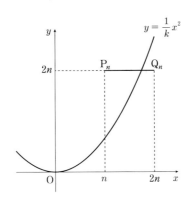

09 모든 항이 양수인 등비수열 $\{a_n\}$에 대하여

$$a_2 a_4 = 2a_5, \quad a_5 = a_4 + 12a_3$$

일 때, $\log_2 a_{10}$의 값은? [3점]

① 15　　　　② 16　　　　③ 17　　　　④ 18　　　　⑤ 19

10 수열 $\{a_n\}$은 a_1이 자연수이고, 모든 자연수 n에 대하여

$$a_{n+1} = \begin{cases} a_n - d & (a_n \geq 0) \\ a_n + d & (a_n < 0) \end{cases} \quad (d\text{는 자연수})$$

이다. $a_n < 0$인 자연수 n의 최솟값을 m이라 할 때, 수열 $\{a_n\}$은 다음 조건을 만족시킨다.

(가) $a_{m-2} + a_{m-1} + a_m = 3$

(나) $a_1 + a_{m-1} = -9(a_m + a_{m+1})$

(다) $\displaystyle\sum_{k=1}^{m-1} a_k = 45$

a_1의 값을 구하시오. (단, $m \geq 3$) [4점]

11 수열 $\{a_n\}$이 모든 자연수 n에 대하여

$$\sum_{k=1}^{n} a_k = n^2 + cn \ (c\text{는 자연수})$$

를 만족시킨다. 수열 $\{a_n\}$의 각 항 중에서 3의 배수가 아닌 수를 작은 것부터 크기순으로 모두 나열하여 얻은 수열을 $\{b_n\}$이라 하자. $b_{20} = 199$가 되도록 하는 모든 c의 값의 합을 구하시오.

[4점]

12 수열 $\{a_n\}$이 모든 자연수 n에 대하여 다음 조건을 만족시킨다.

(가) $a_{2n+1} = -a_n + 3a_{n+1}$

(나) $a_{2n+2} = a_n - a_{n+1}$

$a_1 = 1$, $a_2 = 2$일 때, $\displaystyle\sum_{n=1}^{16} a_n$의 값은? [4점]

① 31　　　　② 33　　　　③ 35　　　　④ 37　　　　⑤ 39

13 세 로그함수

$$f(x)=\log_a x, \quad g(x)=\log_b x, \quad h(x)=\log_c x$$

의 밑 a, b, c가 이 순서로 등비수열을 이룰 때, [보기]에서 옳은 것을 모두 고른 것은? [3점]

───── 보 기 ─────

ㄱ. $a+c$의 최솟값은 $2b$이다.

ㄴ. $\dfrac{1}{f(5)}$, $\dfrac{1}{g(5)}$, $\dfrac{1}{h(5)}$은 이 순서로 등차수열을 이룬다.

ㄷ. $f(x_1)=g(x_2)=h(x_3)=5$이면 x_1, x_2, x_3은 이 순서로 등비수열을 이룬다.

① ㄱ   ② ㄴ   ③ ㄱ, ㄴ   ④ ㄴ, ㄷ   ⑤ ㄱ, ㄴ, ㄷ

14 함수 $y=f(x)$의 그래프는 지수함수 $y=a^x$의 그래프를 x축의 방향으로 b만큼 평행이동 시킨 것이다. 수열 $\{a_n\}$은 첫째항이 2, 공비가 3인 등비수열이고, 모든 자연수 n에 대하여 점 $(n,\ a_n)$은 함수 $y=f(x)$의 그래프 위의 점일 때, 두 상수 a, b의 합 $a+b$의 값은? [3점]

① $-\log_3 2$ ② $1-\log_3 2$ ③ $2-\log_3 2$ ④ $3-\log_3 2$ ⑤ $4-\log_3 2$

15 $n \geq 2$인 자연수 n에 대하여 직선 $x = n$이 함수 $y = \log_{\frac{1}{2}}(2x - m)$의 그래프와 한 점에서 만나고, 직선 $y = n$이 함수 $y = |2^{-x} - m|$의 그래프와 두 점에서 만나도록 하는 모든 자연수 m의 값의 합을 a_n이라 하자. $\sum_{n=5}^{10} \dfrac{1}{a_n}$의 값은? [5점]

① $\dfrac{1}{10}$ ② $\dfrac{1}{20}$ ③ $\dfrac{1}{30}$ ④ $\dfrac{1}{40}$ ⑤ $\dfrac{1}{50}$

16 원에 내접하는 사각형 ABCD의 네 변의 길이 $\overline{AB}, \overline{BC}, \overline{CD}, \overline{DA}$가 이 순서대로 공비가 $\sqrt{2}$ 인 등비수열을 이룬다. $\angle ADC = \theta$라 할 때, $\cos\theta$의 값은? [3점]

① $\dfrac{\sqrt{2}}{4}$ ② $\dfrac{3\sqrt{2}}{10}$ ③ $\dfrac{7\sqrt{2}}{20}$ ④ $\dfrac{4\sqrt{2}}{5}$ ⑤ $\dfrac{9\sqrt{2}}{20}$

17 등비수열 $\{a_n\}$에 대하여

$$a_3=1, \ \frac{a_4+a_5}{a_2+a_3}=4$$

일 때, a_9의 값은? [2점]

① 8　　　　　② 16　　　　　③ 32　　　　　④ 64　　　　　⑤ 128

18 $\displaystyle\sum_{k=1}^{9} k(2k+1)$의 값은? [3점]

① 600　　　　② 605　　　　③ 610　　　　④ 615　　　　⑤ 620

19 첫째항이 1인 등차수열 $\{a_n\}$이 있다. 모든 자연수 n에 대하여

$$S_n=\sum_{k=1}^{n}a_k,\ T_n=(-1)^k a_k$$

라 하자. $\dfrac{S_{10}}{T_{10}}=6$일 때, T_{37}의 값은? [4점]

① 7　　　　② 9　　　　③ 11　　　　④ 13　　　　⑤ 15

20 다음 조건을 만족시키는 모든 수열 $\{a_n\}$에 대하여 a_1의 최솟값을 m이라 하자.

(가) 수열 $\{a_n\}$의 모든 항은 정수이다.

(나) 모든 자연수 n에 대하여

$$a_{2n}=a_3\times a_n+1, \ a_{2n+1}=2a_n-a_2$$

이다.

$a_1=m$인 수열 $\{a_n\}$에 대하여 a_9의 값은? [4점]

① -53 ② -51 ③ -49 ④ -47 ⑤ -45

21 등비수열 $\{a_n\}$에 대하여

$$a_2 = 4, \quad \frac{(a_3)^2}{a_1 \times a_7} = 2$$

일 때, a_4의 값은? [3점]

① $\dfrac{\sqrt{2}}{2}$ ② 1 ③ $\sqrt{2}$ ④ 2 ⑤ $2\sqrt{2}$

22 자연수 n에 대하여 직선 $x=n$이 직선 $y=x$와 만나는 점을 P_n, 곡선 $y=\dfrac{1}{20}x\left(x+\dfrac{1}{3}\right)$과 만나는 점을 Q_n, x축과 만나는 점을 R_n이라 하자. 두 선분 $\mathrm{P}_n\mathrm{Q}_n$, $\mathrm{Q}_n\mathrm{R}_n$의 길이 중 작은 값을 a_n이라 할 때, $\displaystyle\sum_{n=1}^{10}a_n$의 값은? [4점]

① $\dfrac{115}{6}$　　② $\dfrac{58}{3}$　　③ $\dfrac{39}{2}$　　④ $\dfrac{59}{3}$　　⑤ $\dfrac{119}{6}$

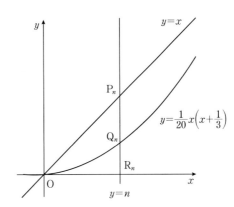

23 수열 $\{a_n\}$은 $a_1=1$이고, 모든 자연수 n에 대하여

$$a_{2n}=2a_n,\ a_{2n+1}=3a_n$$

을 만족시킨다. $a_7+a_k=73$ 인 자연수 k의 값을 구하시오. [3점]

24

등차수열 $\{a_n\}$이 다음 조건을 만족시킨다.

(가) $a_6 + a_7 = -\dfrac{1}{2}$

(나) $a_l + a_m = 1$이 되도록 하는 두 자연수 l, m $(l < m)$의 모든 순서쌍 (l, m)의 개수는 6이다.

등차수열 $\{a_n\}$의 첫째항부터 제14항까지의 합을 S라 할 때, $2S$의 값을 구하시오. [4점]

공통 과목
과목: 수학 2
단원: 극한

01 두 함수 $f(x)$, $g(x)$의 그래프가 아래 그림과 같을 때 [보기]에서 옳은 것을 모두 고른 것은?

[3점]

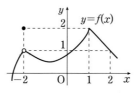 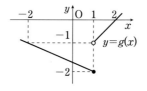

┌─ 보 기 ─┐

ㄱ. $\lim\limits_{x \to -2} \{f(x) + 5g(x)\} = -4$

ㄴ. $\lim\limits_{x \to 1} f(x)g(x) = -4$

ㄷ. $\lim\limits_{x \to 2} \dfrac{f(x)}{g(x)} = 0$

① ㄱ   ② ㄴ   ③ ㄱ, ㄴ   ④ ㄱ, ㄷ   ⑤ ㄴ, ㄷ

02 다항함수 $f(x)$에 대하여

$$\lim_{x \to \infty} \frac{f(x)}{x^3 - 2x^2 + 3x - 4} = 1, \quad \lim_{x \to 1} \frac{f(x)}{x^2 - 3x + 2} = 4$$

이 성립하고, 극한

$$\lim_{x \to 2} \frac{13f(x)}{x^2 - 3x + 2}$$

이 α로 수렴할 때, 상수 α의 값을 구하시오. [3점]

03 함수 $f(x)$의 그래프가 그림과 같을 때, [보기] 에서 옳은 것을 모두 고른 것은? [4점]

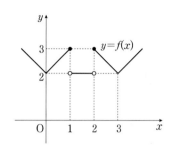

┌─ 보 기 ─┐

ㄱ. $\lim\limits_{x \to 0} (f \circ f)(x) = 2$

ㄴ. $\lim\limits_{x \to 1-} (f \circ f)(x) = \lim\limits_{x \to 2+} (f \circ f)(x)$

ㄷ. 함수 $(f \circ f)(x)$는 $x = 3$에서 연속이다.

① ㄱ   ② ㄴ   ③ ㄷ   ④ ㄱ, ㄷ   ⑤ ㄴ, ㄷ

04 $x \neq 2$인 모든 실수 x에서 정의된 두 함수 $f(x)$, $g(x)$가 다음 두 조건을 만족한다.

(가) $\lim\limits_{x \to 2}\{2f(x)+g(x)\}=1$

(나) $\lim\limits_{x \to 2}g(x)=\infty$

이 때, $\lim\limits_{x \to 2}\dfrac{4f(x)-40g(x)}{2f(x)-g(x)}$ 의 값을 구하시오. [3점]

05 다항식 $f(x)$가 다음 두 조건을 만족시킨다.

> (가) $\displaystyle\lim_{x\to\infty}\dfrac{f(x)}{x^2+2x+3}=\dfrac{11}{3}$
>
> (나) $\displaystyle\lim_{x\to 0}\dfrac{f(x)}{x}=-11$

$\displaystyle\lim_{x\to 3}\dfrac{f(x)}{x-3}$ 의 값을 구하시오. [3점]

06 두 함수 $y=f(x)$와 $y=g(x)$의 그래프가 그림과 같다.

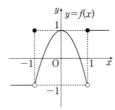 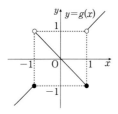

옳은 것만을 [보기]에서 있는 대로 고른 것은? [3점]

── 보 기 ──

ㄱ. $\lim\limits_{x \to -1} f(x)g(x) = -1$

ㄴ. $\lim\limits_{x \to 1} f(x)g(x) = 1$

ㄷ. 함수 $y=f(x)g(x)$의 불연속점의 개수는 2개이다.

① ㄱ ② ㄴ ③ ㄷ ④ ㄱ, ㄷ ⑤ ㄴ, ㄷ

07 $-2 \le x \le 2$에서 정의된 함수 $f(x)$의 그래프가 그림과 같다.

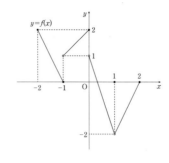

$\lim\limits_{x \to -1-} f(f(x)) + \lim\limits_{x \to 0+} f(f(x))$의 값은? [3점]

① -2 ② -1 ③ 0 ④ 1 ⑤ 2

08 두 함수 $y=f(x)$, $y=g(x)$의 그래프가 다음과 같다.

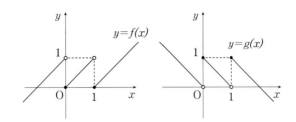

[보기]에서 옳은 것만을 있는 대로 고른 것은? [3점]

보 기

ㄱ. $\displaystyle\lim_{x \to 1-} f(x) + \lim_{x \to 1+} g(x) = 2$

ㄴ. $\displaystyle\lim_{x \to 0+} g(f(x)) = 0$

ㄷ. 함수 $f(x)g(x)$는 $x=1$에서 연속이다.

① ㄱ   ② ㄴ   ③ ㄱ, ㄷ   ④ ㄴ, ㄷ   ⑤ ㄱ, ㄴ, ㄷ

09 두 다항함수 $f(x)$, $g(x)$가 다음 조건을 만족시킨다.

> (가) $\displaystyle\lim_{x \to \infty} \frac{f(x)-2g(x)}{x^2}=1$
>
> (나) $\displaystyle\lim_{x \to \infty} \frac{f(x)+3g(x)}{x^3}=1$

$\displaystyle\lim_{x \to \infty} \frac{f(x)+g(x)}{x^3}$ 의 값은? [3점]

① $\dfrac{1}{5}$　　　② $\dfrac{2}{5}$　　　③ $\dfrac{3}{5}$　　　④ $\dfrac{4}{5}$　　　⑤ 1

10 함수 $y=f(x)$의 그래프가 그림과 같다.

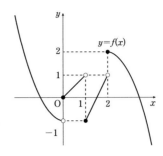

$\lim\limits_{x \to 1+} f(x) - \lim\limits_{x \to 2-} f(x)$의 값은? [3점]

① -2　　　② -1　　　③ 0　　　④ 1　　　⑤ 2

11 함수 $f(x)$의 그래프가 그림과 같다.

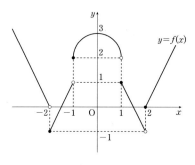

$\lim\limits_{x \to 1^-} f(x) + \lim\limits_{x \to 0^+} f(x-2)$의 값은? [3점]

① -2 ② -1 ③ 0 ④ 1 ⑤ 2

12 함수

$$f(x) = \begin{cases} \dfrac{x^2-8x+a}{x-6} & (x \neq 6) \\ b & (x=6) \end{cases}$$

이 실수 전체의 집합에서 연속일 때, $a+b$의 값을 구하시오. (단, a, b는 상수이다.) [3점]

13 함수

$$f(x) = \begin{cases} a & (x<1) \\ x+3 & (x \geq 1) \end{cases}$$

에 대하여 함수 $(x-a)f(x)$가 실수 전체의 집합에서 연속이 되도록 하는 모든 실수 a의 값의 합은? [3점]

① 1   ② 2   ③ 3   ④ 4   ⑤ 5

14 $\lim\limits_{x \to 2}\dfrac{x^2-x+a}{x-2}=b$일 때, $a+b$의 값은? (단, a, b는 상수이다.) [2점]

① 1　　　　② 2　　　　③ 3　　　　④ 4　　　　⑤ 5

15 양의 실수 a에 대하여 함수 $f(x)$를

$$f(x)= \begin{cases} x^2-5a & (x<a) \\ -2x+4 & (x\geq a) \end{cases}$$

라 하자. 함수 $f(-x)f(x)$가 $x=a$에서 연속이 되도록 하는 모든 a의 값의 합은? [4점]

① 9   ② 10   ③ 11   ④ 12   ⑤ 13

16 함수 $y=f(x)$의 그래프가 그림과 같다.

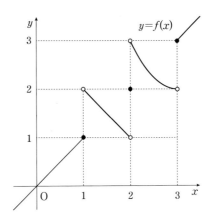

$\displaystyle\lim_{x\to1+}f(x)+\lim_{x\to3-}f(x)$의 값은? [3점]

① 1　　　　② 2　　　　③ 3　　　　④ 4　　　　⑤ 5

17 함수

$$f(x)=\begin{cases} x^2+1 & (x\leq 2) \\ ax+b & (x>2) \end{cases}$$

에 대하여 $f(a)+\lim\limits_{x\to a+}f(x)=4$를 만족시키는 실수 a의 개수가 4이고, 이 네 수의 합이 8이다. $a+b$의 값은? (단, a, b는 상수이다.) [4점]

① $-\dfrac{7}{4}$ 　　　　② $-\dfrac{5}{4}$ 　　　　③ $-\dfrac{3}{4}$ 　　　　④ $-\dfrac{1}{4}$ 　　　　⑤ $\dfrac{1}{4}$

공통 과목
과목: 수학 2
단원: 미분

01 다음과 같이 정의된 함수

$$f(x) = \begin{cases} \dfrac{x^2}{2} + x + \dfrac{3}{2} & (x < 1) \\ -x^2 + 4x & (x \geq 1) \end{cases}$$

가 있다. [보기]에서 옳은 것을 모두 고르면? [4점]

─ 보 기 ─

ㄱ. $f(x)$는 $x=1$에서 연속이다.

ㄴ. $f(x)$는 $x=1$에서 미분가능하다.

ㄷ. $f'(x)$의 도함수 $f'(x)$는 $x=1$에서 연속이다.

① ㄱ   ② ㄱ, ㄴ   ③ ㄱ, ㄷ   ④ ㄴ, ㄷ   ⑤ ㄱ, ㄴ, ㄷ

02 아래 그림과 같이 포물선 $y=-3x^2$ 위에 서로 다른 두 점 P_1, P_2가 있고, 포물선 $y=(x-4)^2$ 위에 두 점 Q_1, Q_2가 있다. 점 P_1에서의 접선과 점 Q_1에서의 접선이 서로 평행하고, 점 P_2에서의 접선과 점 Q_2에서의 접선이 서로 평행할 때, 직선 P_1Q_1과 직선 P_2Q_2의 교점의 좌표는? [3점]

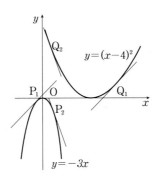

① $(2, 1)$ ② $(2, 0)$ ③ $(1, 1)$ ④ $(1, -1)$ ⑤ $(1, 0)$

03 두 함수 $f(x)=2x^3-3x^2$, $g(x)=x^2-1$에 대하여 방정식 $(g \circ f)(x)=0$의 서로 다른 실근의 개수는? [3점]

① 1　　　　② 2　　　　③ 3　　　　④ 4　　　　⑤ 5

04 좌표평면에서 직선 $y=mx+8$이 곡선

$$y=x^3+2x^2-3x$$

와 서로 다른 두 점에서 만날 때, 실수 m의 값은? [3점]

① $\dfrac{1}{2}$　　　　② $\dfrac{2}{3}$　　　　③ 1　　　　④ $\dfrac{3}{2}$　　　　⑤ 2

05 0이 아닌 서로 다른 세 실수 p, q, r에 대하여 삼차함수 $f(x)=(x-p)(x-q)(x-r)$라 할 때,

$$\frac{p^2}{f'(p)} + \frac{q^2}{f'(q)} + \frac{r^2}{f'(r)}$$

의 값은? [3점]

① -1 ② $-\dfrac{1}{2}$ ③ 0 ④ $\dfrac{1}{2}$ ⑤ 1

06 $0<a<\dfrac{1}{2}$ 일 때, 곡선 $y=x^2$ 위의 임의의 점 $\mathrm{P}(a, a^2)$에서 그은 접선 l이 x축의 점 A에서 만난다. 접선 l을 x축에 대하여 대칭이동시킨 직선을 m이라 하고, 직선 m이 y축과 만나는 점을 B라 하자. 또, 점A를 지나고 접선 l에 수직인 직선을 n이라 할 때, 직선 n이 y축과 만나는 점을 C라 하자. 삼각형 ABC의 넓이를 $S(a)$라 할 때, $S(a)$의 극댓값은? [4점]

① $\dfrac{\sqrt{3}}{144}$ ② $\dfrac{1}{48}$ ③ $\dfrac{\sqrt{3}}{72}$ ④ $\dfrac{1}{12}$ ⑤ $\dfrac{\sqrt{3}}{6}$

07 다음을 만족시키는 한 자리 자연수 a의 개수는? [3점]

> 방정식 $x^3 - x^2 - ax - 3 = 0$이 서로 다른 세 실근을 가진다.

① 1   ② 2   ③ 3   ④ 4   ⑤ 5

08 모든 실수 x에서 정의된 함수 $f(x)$가 $x=a$에서 미분가능하기 위한 필요충분조건인 것만을 [보기]에서 있는 대로 고른 것은? [4점]

┌─── 보 기 ┐

ㄱ. $\lim\limits_{h \to 0} \dfrac{f(a+h^2)-f(a)}{h^2}$ 의 값이 존재한다.

ㄴ. $\lim\limits_{h \to 0} \dfrac{f(a+h^3)-f(a)}{h^3}$ 의 값이 존재한다.

ㄷ. $\lim\limits_{h \to 0} \dfrac{f(a+h)-f(a-h)}{2h}$ 의 값이 존재한다.

① ㄱ   ② ㄴ   ③ ㄷ   ④ ㄱ, ㄷ   ⑤ ㄴ, ㄷ

수학 영역(공통)

09 곡선 $y = \frac{1}{3}x^3 - x$ 위의 점 중에서 제1사분면에 있는 한 점을 P(a, b)라 하자. 점 P에서의 접선이 y축과 만나는 점을 Q라 하고, 점 P를 지나고 x축에 평행한 직선이 y축과 만나는 점을 R라 하자.

$\overline{OQ} : \overline{OR} = 3 : 1$일 때, ab의 값은? (단, O는 원점이다.) [4점]

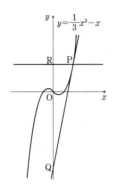

① 9   ② 12   ③ 15   ④ 18   ⑤ 21

10 함수 $f(n)$이 $f(n)=\lim\limits_{x\to 1}\dfrac{x^n+3x-4}{x-1}$ 일 때,

$\sum\limits_{n=1}^{10} f(n)$의 값은? [4점]

① 65 ② 70 ③ 75 ④ 80 ⑤ 85

11 그림과 같이 좌표평면에서 곡선 $y=\dfrac{1}{2}x^2$ 위의 점 중에서 제1사분면에 있는 점 $A\left(t, \dfrac{1}{2}t^2\right)$을 지나고 x축에 평행한 직선이 직선 $y=-x+10$과 만나는 점을 B라 하고, 두 점 A, B에서 x축에 내린 수선의 발을 각각 C, D라 하자. 직사각형 ACDB의 넓이가 최대일 때, $10t$의 값을 구하시오. (단, 점 A의 x좌표는 점 B의 x좌표보다 작다.) [4점]

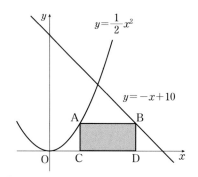

12 두 곡선 $y=2x^2+6$, $y=-x^2$에 모두 접하고 기울기가 양수인 직선 l이 있다. 직선 l과 곡선 $y=2x^2+6$의 접점을 P, 직선 l과 곡선 $y=-x^2$의 접점을 Q라 할 때, 선분 PQ의 길이는? [4점]

① $2\sqrt{31}$　　　② $8\sqrt{2}$　　　③ 12　　　④ $5\sqrt{6}$　　　⑤ $3\sqrt{17}$

13 함수 $f(x)=x^3+3x^2-9x$가 있다. 실수 t에 대하여 함수

$$g(x)=\begin{cases} f(x) & (x<a) \\ t-f(x) & (x \geq a) \end{cases}$$

가 실수 전체의 집합에서 연속이 되도록 하는 실수 a의 개수를 $h(t)$라 하자. 예를 들어 $h(0)=3$ 이다. $h(t)=3$을 만족시키는 모든 정수 t의 개수는? [4점]

① 55 　　　　 ② 57 　　　　 ③ 59 　　　　 ④ 61 　　　　 ⑤ 63

14   자연수 n에 대하여 함수 $f(x)$를 $f(x)=x^2+\dfrac{1}{n}$이라 하고 함수 $g(x)$를

$$g(x)=\begin{cases}(x-1)f(x) & (x\geq 1) \\ (x-1)^2f(x) & (x<1)\end{cases}$$

이라 할 때, [보기]에서 옳은 것만을 있는 대로 고른 것은? [4점]

┌─ 보 기 ─┐

ㄱ. $\displaystyle\lim_{x\to 1-}\dfrac{g(x)}{x-1}$

ㄴ. $n=1$일 때, 함수 $g(x)$는 $x=1$에서 극솟값을 갖는다.

ㄷ. 함수 $g(x)$가 극대 또는 극소가 되는 x의 개수가 1인 n의 개수는 5이다.

① ㄱ   ② ㄱ, ㄴ   ③ ㄱ, ㄷ   ④ ㄴ, ㄷ   ⑤ ㄱ, ㄴ, ㄷ

15 이차함수 $f(x)$가 $f(0)=0$이고

$$\lim_{x \to 0} \frac{f(x)}{x} = \lim_{x \to 1} \frac{f(x)-x}{x-1}$$

일 때, $60 \times f'(0)$의 값을 구하시오. [3점]

16 함수 $f(x) = x^3 - 4x^2 + ax + 6$에 대하여

$$\lim_{h \to 0} \frac{f(2+h) - f(2)}{h \times f(h)} = 1$$

일 때, 상수 a의 값은? [3점]

① 2   ② 4   ③ 6   ④ 8   ⑤ 10

17 닫힌구간 $[-1, 3]$에서 정의된 함수

$$f(x) = \begin{cases} x^3 - 6x^2 + 5 & (-1 \leq x \leq 1) \\ x^2 - 4x + a & (1 < x \leq 3) \end{cases}$$

의 최댓값과 최솟값의 합이 0일 때, $\lim\limits_{x \to 1^+} f(x)$의 값은? (단, a는 상수이다.) [4점]

① -5 ② $-\dfrac{9}{2}$ ③ -4 ④ $-\dfrac{7}{2}$ ⑤ -3

18

함수 $f(x)=x^3-x$와 상수 $a(a>-1)$에 대하여 곡선 $y=f(x)$ 위의 두 점 $(-1, f(-1))$, $(a, f(a))$를 지나는 직선을 $y=g(x)$라 하자. 함수

$$h(x)=\begin{cases} f(x) & (x<-1) \\ g(x) & (-1\leq x\leq a) \\ f(x-m)+n & (x>a) \end{cases}$$

가 다음 조건을 만족시킨다.

> (가) 함수 $h(x)$는 실수 전체의 집합에서 미분가능하다.
> (나) 함수 $h(x)$는 일대일대응이다.

$m+n$의 값은? (단, m, n은 상수이다.) [4점]

① 1   ② 3   ③ 5   ④ 7   ⑤ 9

19 함수 $f(x)=(x+3)(x^3+x)$의 $x=1$에서의 미분계수를 구하시오. [3점]

20 모든 양의 실수 x에 대하여 부등식

$$x^3 - 5x^2 + 3x + n \geq 0$$

이 항상 성립하도록 하는 자연수 n의 최솟값을 구하시오. [3점]

21 함수 $f(x)=(x^3-2x^2+3)(ax+1)$에 대하여 $f'(0)=15$일 때, 상수 a의 값은? [2점]

① 3   ② 5   ③ 7   ④ 9   ⑤ 11

22 함수 $f(x) = \dfrac{1}{2}x^4 + ax^2 + b$ 가 $x = a$에서 극소이고, 극댓값 $a + 8$을 가질 때, $a + b$의 값은? (단, a, b는 상수이다.) [3점]

① 2   ② 3   ③ 4   ④ 5   ⑤ 6

23 함수

$$f(x) = \begin{cases} x^2 - 2x & (x < a) \\ 2x + b & (x \geq a) \end{cases}$$

가 실수 전체의 집합에서 미분가능할 때, $a+b$의 값은? (단, a, b는 상수이다.) [3점]

① -4 ② -2 ③ 0 ④ 2 ⑤ 4

24 최고차항의 계수가 1인 이차함수 $f(x)$에 대하여 함수 $g(x)$를

$$g(x) = \begin{cases} f(x) & (x < 12) \\ 2f(1) - f(x) & (x \geq 2) \end{cases}$$

이라 하자. 함수 $g(x)$에 대하여 [보기]에서 옳은 것만을 있는 대로 고른 것은? [4점]

┌─ 보 기 ┐

ㄱ. 함수 $g(x)$는 실수 전체의 집합에서 연속이다.

ㄴ. $\displaystyle\lim_{h \to 0+} \frac{g(-1+h) + g(-1-h) - 6}{h} = a$ (a는 상수)이고 $g(1) = 1$이면 $g(a) = 1$이다.

ㄷ. $\displaystyle\lim_{h \to 0+} \frac{g(b+h) + g(b-h) - 6}{h} = 4$ (b는 상수)이면 $g(4) = 1$이다.

① ㄱ   ② ㄱ, ㄴ   ③ ㄱ, ㄷ

④ ㄴ, ㄷ   ⑤ ㄱ, ㄴ, ㄷ

25 함수 $f(x) = 3x^3 - x + a$에 대하여 곡선 $y = f(x)$ 위의 점 $(1, f(1))$에서의 접선이 원점을 지날 때, 상수 a의 값을 구하시오. [3점]

01 두 다항함수 $f(x)$와 $g(x)$에 대하여
$f'(x)=6x^2$이고, $g'(x)=2x$이다. $y=f(x)$와 $y=g(x)$의 그래프가 두 점에서 만날 때, $f(0)-g(0)$
의 값들의 합은 $\dfrac{q}{p}$이다. $p+q$의 값을 구하시오. (단, p, q는 서로소인 자연수이다.) [4점]

02 함수 $f(x)$를

$$f(x) = \begin{cases} -x(x-1) & (0 \le x < 1) \\ -\dfrac{1}{4^n}(x-n)(x-n-1) & (n \le x < n+1) \end{cases}$$

$(n = 1, 2, 3, \cdots)$

이라 정의하자. $S_n = \displaystyle\int_0^{n+1} f(x)dx$라 할 때, $\displaystyle\lim_{n \to \infty} S_n$의 값은? [3점]

① $\dfrac{1}{9}$　　　② $\dfrac{2}{9}$　　　③ $\dfrac{1}{3}$　　　④ $\dfrac{2}{3}$　　　⑤ $\dfrac{5}{9}$

03 모든 실수 x에서 정의된 함수

$$f(x) = \int_{1}^{x} (x^2 - t)\,dt$$

에 대하여 직선 $y = 6x - k$가 곡선 $y = f(x)$에 접할 때, 양수 k의 값은? [3점]

① $\dfrac{11}{2}$　　　② $\dfrac{13}{2}$　　　③ $\dfrac{15}{2}$　　　④ $\dfrac{17}{2}$　　　⑤ $\dfrac{19}{2}$

04 함수 $f(x)$의 도함수가 $f'(x)=4x^3-4x$이고, $f(x)$의 극댓값이 k일 때, 직선 $y=k$와 곡선 $y=f(x)$로 둘러싸인 부분의 넓이는? [4점]

① $\dfrac{8\sqrt{2}}{15}$ ② $\dfrac{2\sqrt{2}}{3}$ ③ $\dfrac{4\sqrt{2}}{5}$ ④ $\dfrac{14\sqrt{2}}{15}$ ⑤ $\dfrac{16\sqrt{2}}{15}$

05 함수 $f(x)$가 다음 조건을 만족시킨다.

> (가) $0 \le x \le 1$에서 $f(x) = x^2 + 1$이다.
>
> (나) 모든 실수 x에 대하여 $f(-x) = f(x)$이다.
>
> (다) 모든 실수 x에 대하여 $f(1-x) = f(1+x)$이다.

수열 $\{a_n\}$에 대하여

$$a_1 + 2a_2 + 3a_3 + \cdots + na_n = \int_{-n}^{n} f(x)\,dx$$

$$(n = 1, 2, 3, \cdots)$$

일 때, $a_7 = \dfrac{q}{p}$이다. $p + q$의 값을 구하시오. (단, p, q는 서로소인 자연수이다.) [4점]

06 함수 $f(x)=-x(x-4)$의 그래프를 x축의 방향으로 2만큼 평행이동시킨 곡선을 $y=g(x)$라 하자. 그림과 같이 두 곡선 $y=f(x)$, $y=g(x)$와 x축으로 둘러싸인 세 부분의 넓이를 각각 S_1, S_2, S_3이라 할 때, $\dfrac{S_2}{S_1+S_3}$ 의 값은? [4점]

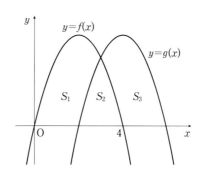

① $\dfrac{3}{22}$ 　　② $\dfrac{7}{44}$ 　　③ $\dfrac{2}{11}$ 　　④ $\dfrac{9}{44}$ 　　⑤ $\dfrac{5}{22}$

07 다항함수 $f(x)$가 다음 조건을 만족시킨다.

> (가) 모든 실수 x에 대하여
> $$\int_0^x t^2 f'(t)dt = \frac{3}{2}x^4 + kx^3$$
> 이다.
> (나) $x=1$에서 극솟값 7을 갖는다.

$f(10)$의 값을 구하시오. (단, k는 상수이다.) [3점]

08

두 곡선

$$y = x^3 + 4x^2 - 6x + 5, \quad y = x^3 + 5x^2 - 9x + 6$$

이 만나는 점의 x좌표를 α, $\beta(\alpha < \beta)$라 할 때, 곡선 $y = 6x^5 + 4x^3 + 1$과 두 직선 $x = \alpha$, $x = \beta$와 x축으로 둘러싸인 부분의 넓이는 $a\sqrt{5}$ 이다. 자연수 a의 값은? [4점]

① 160   ② 162   ③ 164   ④ 166   ⑤ 168

09 최고차항의 계수가 1인 삼차함수 $f(x)$와 양수 a가 다음 조건을 만족할 때, a의 값은? [4점]

(가) 모든 실수 t에 대하여 $\displaystyle\int_{a-t}^{a+t} f(x)dx = 0$이다.

(나) $f(a) = f(0)$

(다) $\displaystyle\int_0^a f(x)dx = 144$

① $2\sqrt{6}$　　② $3\sqrt{6}$　　③ $4\sqrt{6}$　　④ $5\sqrt{6}$　　⑤ $6\sqrt{6}$

10 양수 a와 함수 $f(x)$가 다음 조건을 만족시킨다.

> (가) $0 \leq x < 1$일 때, $f(x) = 2x^2 + ax$이다.
>
> (나) 모든 실수 x에 대하여 $f(x+1) = f(x) + a^2$이다.

함수 $f(x)$가 실수 전체의 집합에서 연속일 때, 곡선 $y = f(x)$와 x축 및 직선 $x = 3$으로 둘러싸인 부분의 넓이를 구하시오. [4점]

11 0이 아닌 실수 k에 대하여 다항함수 $f(x)$의 도함수 $f'(x)$가

$$f'(x) = 3(x-k)(x-2k)$$

이다. 함수

$$g(x) = \begin{cases} f(x) & (x \le 1 \text{ 또는 } x \ge 4) \\ \dfrac{f(4)-f(1)}{3}(x-1)+f(1) & (1 \le x < 4) \end{cases}$$

의 역함수가 존재하도록 하는 모든 실수 k의 값의 범위가 $\alpha \le k < \beta$일 때, $\beta - \alpha$의 값은? [4점]

① $\dfrac{3}{8}$ ② $\dfrac{1}{2}$ ③ $\dfrac{5}{6}$ ④ $\dfrac{3}{4}$ ⑤ $\dfrac{7}{8}$

12 최고차항의 계수가 1이고 $f'(0)=0$인 사차함수 $f(x)$가 있다. 실수 전체의 집합에서 정의된 함수 $g(t)$가 다음 조건을 만족시킨다.

> (가) 방정식 $f(x)=t$의 실근이 존재하지 않을 때, $g(t)=0$이다.
> (나) 방정식 $f(x)=t$의 실근이 존재할 때, $g(t)$는 $f(x)=t$의 실근의 최댓값이다.

함수 $g(t)$가 $t=k$, $t=30$에서 불연속이고
$\lim\limits_{t \to k+} g(t) = -2$, $\lim\limits_{t \to 30+} g(t) = 1$일 때, 실수 k의 값을 구하시오. (단, $k < 30$) [4점]

13 다항함수 $f(x)$의 도함수 $f'(x)$가

$$f'(x)=4x^3+ax$$

이고 $f(0)=-2$, $f(1)=1$일 때, $f(2)$의 값은? (단, a는 상수이다.) [3점]

① 18　　　　② 19　　　　③ 20　　　　④ 21　　　　⑤ 22

14 시각 $t=0$일 때 동시에 원점을 출발하여 수직선 위를 움직이는 두 점 P, Q의 시각 $t(t \geq 0)$에서의 속도가 각각

$$v_1(t) = 3t^2 - 6t, \quad v_2(t) = 2t$$

이다. 두 점 P, Q가 시각 $t=a(a>0)$에서 만날 때, 시각 $t=0$에서 $t=a$까지 점 P가 움직인 거리는? [4점]

① 22   ② 24   ③ 26   ④ 28   ⑤ 30

15 양의 실수 a에 대하여 함수 $f(x)$를

$$f(x)=\begin{cases} \dfrac{3}{a}x^2 & (-a\le x\le a) \\ 3a & (x<-a \text{ 또는 } x>a) \end{cases}$$

라 하자. 함수 $y=f(x)$의 그래프와 x축 및 두 직선 $x=-3$, $x=3$으로 둘러싸인 부분의 넓이가 8이 되도록 하는 모든 a의 값의 합은 S이다. $40S$의 값을 구하시오. [4점]

16 일차함수 $f(x)$에 대하여 함수 $g(x)$를

$$g(x) = \int_0^x (x-2)f(s)ds$$

라 하자. 실수 t에 대하여 직선 $y=tx$와 곡선 $y=g(x)$가 만나는 점의 개수를 $h(t)$라 할 때, 다음 조건을 만족시키는 모든 함수 $g(x)$에 대하여 $g(4)$의 값의 합을 구하시오. [4점]

$g(k)=0$을 만족시키는 모든 실수 k에 대하여 함수 $h(t)$는 $t=-k$에서 불연속이다.

17 사차함수 $f(x)$가 다음 조건을 만족시킬 때, $f(2)$의 값은? [4점]

(가) $f(0)=2$이고 $f'(4)=-24$이다.

(나) 부등식 $xf'(x)>0$을 만족시키는 모든 실수 x의 값의 범위는 $1<x<3$이다.

① 3 ② $\dfrac{10}{3}$ ③ $\dfrac{11}{3}$ ④ 4 ⑤ $\dfrac{13}{3}$

18 곡선 $y=x^3+2x$와 y축 및 직선 $y=3x+6$으로 둘러싸인 부분의 넓이를 구하시오. [3점]

19 원점을 출발하여 수직선 위를 움직이는 점 P의 시각 $t(t \geq 0)$에서의 속도는

$$v(t) = |at - b| - 4 \ (a > 0, \ b > 4)$$

이다. 시각 $t=0$에서 $t=k$까지 점 P가 움직인 거리를 $s(k)$, 시각 $t=0$에서 $t=k$까지 점 P의 위치의 변화량을 $x(k)$라 할 때, 두 함수 $s(k)$, $x(k)$가 다음 조건을 만족시킨다.

> (가) $0 \leq k < 3$이면 $s(k) - x(k) < 8$이다.
>
> (나) $k \geq 3$이면 $s(k) - x(k) = 8$이다.

시각 $t=1$에서 $t=6$까지 점 P의 위치의 변화량을 구하시오. (단, a, b는 상수이다.) [4점]

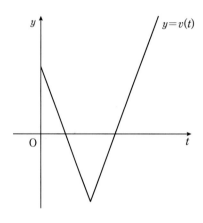

20 최고차항의 계수가 정수인 삼차함수 $f(x)$에 대하여 $f(1)=1$, $f'(1)=0$이다. 함수 $g(x)$를

$$g(x)=f(x)+|f(x)-1|$$

이라 할 때, 함수 $g(x)$가 다음 조건을 만족시키도록 하는 함수 $f(x)$의 개수를 구하시오. [4점]

(가) 두 함수 $y=f(x)$, $y=g(x)$의 그래프의 모든 교점의 x좌표의 합은 3이다.

(나) 모든 자연수 n에 대하여 $n<\displaystyle\int_0^n g(x)dx<n+16$이다.

선택 과목

과목: 확률과 통계

단원: 경우의 수와 확률

01 5개의 제비 중에서 당첨제비가 2개 있다. 갑이 먼저 한 개의 제비를 뽑은 다음 을이 한 개의 제비를 뽑을 때, 갑이 당첨제비를 뽑을 사건을 A, 을이 당첨제비를 뽑을 사건을 B라 하자. [보기]에서 옳은 것을 모두 고른 것은? (단, 한 번 뽑은 제비는 다시 넣지 않는다.) [3점]

┌────── 보 기 ──────┐

ㄱ. $P(A)=P(B)$

ㄴ. $P(B|A)>P(B|A^c)$

ㄷ. $P(B|A)=P(A|B)$

① ㄱ   ② ㄴ   ③ ㄷ   ④ ㄱ, ㄴ   ⑤ ㄱ, ㄷ

02 사과 3개와 복숭아 2개가 있다. 이 5개의 과일 중에서 임의로 4개의 과일을 택하여 네 명의 학생에게 각각 하나씩 나누어 주었다. 남아있는 1개의 과일을 네 명의 학생 중 임의의 한 명에게 주었을 때, 이 학생이 가진 2개의 과일이 같은 종류일 확률은? [4점]

① $\dfrac{1}{10}$　　　② $\dfrac{1}{5}$　　　③ $\dfrac{3}{10}$　　　④ $\dfrac{2}{5}$　　　⑤ $\dfrac{1}{2}$

03 어떤 시행에서 일어날 수 있는 모든 결과의 집합을 S라 하자. S의 부분집합인 세 사건 A, B, C는 다음 조건을 만족한다.

> (가) $A \cup B \cup C = S$
>
> (나) 사건 $A \cap B$와 사건 C는 서로 배반이다.
>
> (다) 사건 A와 사건 B는 서로 독립이다.

$\mathrm{P}(A) = \dfrac{1}{2}$, $\mathrm{P}(B) = \dfrac{1}{3}$, $\mathrm{P}(C) = \dfrac{2}{3}$일 때, $\mathrm{P}(A|C) + \mathrm{P}(B|C)$의 값은? [3점]

① $\dfrac{1}{6}$ ② $\dfrac{1}{4}$ ③ $\dfrac{1}{3}$ ④ $\dfrac{1}{2}$ ⑤ $\dfrac{2}{3}$

04 그림은 어떤 정보 x를 0과 1의 두 가지 중 한 가지의 송신 신호로 바꾼 다음 이를 전송하여 수신 신호를 얻는 경로를 나타낸 것이다.

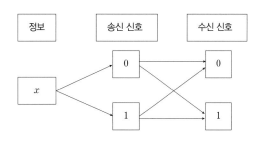

이때 송신 신호가 전송되는 과정에서 수신 신호가 바뀌는 경우가 생기는데, 각각의 경우에 따른 확률은 [보기]와 같다.

보 기

(가) 정보 x가 0, 1의 송신 신호로 바뀔 확률은 각각 0.4, 0.6이다.

(나) 송신 신호 0이 수신 신호 0, 1로 전송될 확률은 각각 0.95, 0.05이다.

(다) 송신 신호 1이 수신 신호 0, 1로 전송될 확률은 각각 0.05, 0.95이다.

정보 x를 전송한 결과 수신 신호가 1이었을 때, 송신 신호가 1이었을 확률은? [4점]

① $\dfrac{54}{59}$ ② $\dfrac{55}{59}$ ③ $\dfrac{56}{59}$ ④ $\dfrac{57}{59}$ ⑤ $\dfrac{58}{59}$

05 어느 인터넷 동호회에서 한 종류의 사은품 10개를 정회원 2명, 준회원 2명에게 모두 나누어 주려고 한다. 정회원은 2개 이상, 준회원은 1개 이상을 받도록 나누어주는 방법의 수는? (단, 사은품은 서로 구별하지 않는다.) [3점]

① 20　　　　② 25　　　　③ 30　　　　④ 35　　　　⑤ 40

06 $\left(x^2 + \dfrac{2}{x}\right)^6$의 전개식에서 x^3의 계수를 구하시오. [3점]

07 7개의 문자 a, b, c, d, e, f, g 중에서 중복을 허락하여 3개를 선택하여 문자열을 만들 때, 문자열이 e를 반드시 포함할 확률은? [4점]

① $\dfrac{121}{343}$ ② $\dfrac{123}{343}$ ③ $\dfrac{125}{343}$ ④ $\dfrac{127}{343}$ ⑤ $\dfrac{129}{343}$

08 지호와 영수는 가위바위보를 한 번 할 때마다 다음과 같은 규칙으로 사탕을 받는 게임을 한다.

> (가) 이긴 사람은 2개의 사탕을 받고, 진 사람은 1개의 사탕을 받는다.
>
> (나) 비긴 경우에는 두 사람 모두 1개의 사탕을 받는다.

게임을 시작하고 나서 지호가 받은 사탕의 총 개수가 5인 경우가 생길 확률은 $\dfrac{k}{243}$ 이다. 자연수 k의 값을 구하시오. (단, 두 사람이 각각 가위, 바위, 보를 낼 확률은 같다.) [4점]

09 그림과 같이 정사각형 모양으로 연결된 도로망이 있다.

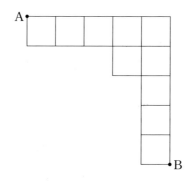

이 도로망을 따라 A지점에서 출발하여 B지점까지 최단거리로 가는 경우의 수는? [3점]

① 40   ② 42   ③ 44   ④ 46   ⑤ 48

10　주머니 A에는 흰 구슬 2개, 검은 구슬 1개가 들어 있고, 주머니 B에는 흰 구슬 1개, 검은 구슬 2개가 들어 있다. 한 개의 주사위를 던져서 3의 배수의 눈이 나오면 주머니 A에서 임의로 한 개의 구슬을 꺼내고, 3의 배수가 아닌 눈이 나오면 주머니 B에서 임의로 한 개의 구슬을 꺼낸다. 주사위를 4번 던지고 난 후에 주머니 A에는 검은 구슬이, 주머니 B에는 흰 구슬이 각각 한 개씩 남아 있을 확률은 $\dfrac{q}{p}$이다. $p+q$의 값을 구하시오. (단, p와 q는 서로소인 자연수이고, 꺼낸 구슬은 다시 넣지 않는다.) [4점]

11 주머니에 크기와 모양이 같은 흰 공 2개와 검은 공 3개가 들어 있다. 이 주머니에서 임의로 1개의 공을 꺼내어 색을 확인한 후 다시 넣지 않는다. 이와 같은 시행을 두 번 반복하여 두 번째 꺼낸 공이 흰 공이었을 때, 첫 번째 꺼낸 공도 흰 공이었을 확률이 p이다. $40p$의 값을 구하시오. [3점]

12 수직선 위의 원점에 있는 두 점 A, B를 다음의 규칙에 따라 이동시킨다.

> (가) 주사위를 던져 5 이상의 눈이 나오면 A를 양의 방향으로 2만큼, B를 음의 방향으로 1만큼 이동시킨다.
>
> (나) 주사위를 던져 4 이하의 눈이 나오면 A를 음의 방향으로 2만큼, B를 양의 방향으로 1만큼 이동시킨다.

주사위를 5번 던지고 난 후 두 점 A, B 사이의 거리가 3 이하가 될 확률이 $\dfrac{q}{p}$일 때, $p+q$의 값을 구하시오. (단, p와 q는 서로소인 자연수이다.) [4점]

13 서로 다른 6개의 물건을 남김없이 서로 다른 3개의 상자에 임의로 분배할 때, 빈 상자가 없도록 분배할 확률은? [4점]

① $\dfrac{2}{3}$　　　② $\dfrac{19}{27}$　　　③ $\dfrac{20}{27}$　　　④ $\dfrac{7}{9}$　　　⑤ $\dfrac{22}{27}$

14 아래 그림은 어느 도시의 도로를 선으로 나타낸 것이다. 교차로 P에서는 좌회전을 할 수 없고, 교차로 Q는 공사 중이어서 지나갈 수 없다고 한다. A를 출발하여 B에 도달하는 최단경로의 개수는? [4점]

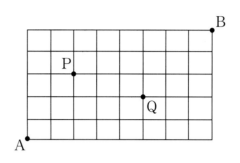

① 818   ② 825   ③ 832   ④ 839   ⑤ 846

15 한 개의 주사위를 던질 때 짝수의 눈이 나오는 사건을 A, 소수의 눈이 나오는 사건을 B라 하자. $\mathrm{P}(B|A) - \mathrm{P}(B|A^c)$의 값은? (단, A^c은 A의 여사건이다.) [3점]

① $-\dfrac{1}{3}$ ② $-\dfrac{1}{6}$ ③ 0 ④ $\dfrac{1}{6}$ ⑤ $\dfrac{1}{3}$

16 같은 종류의 볼펜 6개, 같은 종류의 연필 6개, 같은 종류의 지우개 6개가 필통에 들어 있다. 이 필통에서 8개를 동시에 꺼내는 경우의 수는? (단, 같은 종류끼리는 서로 구별하지 않는다.)

[4점]

① 18　　　　② 24　　　　③ 30　　　　④ 36　　　　⑤ 42

17 주머니에 1, 2, 3, 4, 5, 6의 숫자가 하나씩 적혀 있는 6개의 공이 들어 있다. 이 주머니에서 임의로 3개의 공을 차례로 꺼낸다. 꺼낸 3개의 공에 적힌 수의 곱이 짝수일 때, 첫 번째로 꺼낸 공에 적힌 수가 홀수이었을 확률은 $\dfrac{q}{p}$이다. $p+q$의 값을 구하시오. (단, 꺼낸 공은 다시 넣지 않고, p와 q는 서로소인 자연수이다.) [4점]

18 어느 부대가 그림과 같은 바둑판 모양의 도로망에서 장애물(어두운 부분)을 피해 A지점에서 B지점으로 도로를 따라 이동하려고 한다. A지점에서 출발하여 B지점까지 최단거리로 가는 경우의 수를 구하시오. [3점]

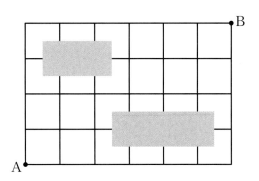

19 홀수의 눈이 나올 때까지 주사위를 던지는 시행을 반복한다. 10회 이하에서 1의 눈이 나와 시행을 멈출 확률은? [4점]

① $\dfrac{335}{1024}$ ② $\dfrac{337}{1024}$ ③ $\dfrac{339}{1024}$ ④ $\dfrac{341}{1024}$ ⑤ $\dfrac{343}{1024}$

20 자연수 n에 대하여 한 개의 주사위를 반복하여 던져서 나오는 눈의 수에 따라 다음과 같은 규칙으로 a_n을 정한다.

> (가) $a_1=0$이고, $a_n(n\geq2)$는 세 수 $-1, 0, 1$ 중 하나이다.
>
> (나) 주사위를 n번째 던져서 나온 눈의 수가 짝수이면 a_{n+1}은 a_n이 아닌 두 수 중에서 작은 수이고, 홀수이면 a_{n+1}은 a_n이 아닌 두 수 중에서 큰 수이다.

[보기]에서 옳은 것만을 있는 대로 고른 것은? [4점]

> ─── 보 기 ───
>
> ㄱ. $a_2=1$일 확률은 $\dfrac{1}{2}$이다.
>
> ㄴ. $a_3=1$일 확률과 $a_4=0$일 확률은 서로 같다.
>
> ㄷ. $a_9=0$일 확률이 p이면 $a_{11}=0$일 확률은 $\dfrac{1-p}{4}$이다.

① ㄱ   ② ㄷ   ③ ㄱ, ㄴ   ④ ㄴ, ㄷ   ⑤ ㄱ, ㄴ, ㄷ

21 $\left(x^n + \dfrac{1}{x}\right)^{10}$ 의 전개식에서 상수항이 45일 때, 자연수 n의 값을 구하시오. [3점]

22 한 변의 길이가 1인 정육각형의 6개의 꼭짓점 중에서 임의로 서로 다른 3개의 점을 택하여 이 3개의 점을 꼭짓점으로 하는 삼각형을 만들 때, 이 삼각형의 넓이가 $\frac{\sqrt{3}}{2}$ 이상일 확률은 $\frac{q}{p}$ 이다. $p+q$의 값을 구하시오. (단, p와 q는 서로소인 자연수이다.) [4점]

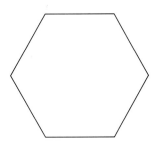

23 집합 $S=\{a,\, b,\, c,\, d\}$의 공집합이 아닌 모든 부분집합 중에서 임의로 한 개씩 두 개의 부분집합을 차례로 택한다. 첫 번째로 택한 집합을 A, 두 번째로 택한 집합을 B라 할 때,

$$n(A)\times n(B)=2\times n(A\cap B)$$

가 성립할 확률은? (단, 한 번 택한 집합은 다시 택하지 않는다.) [4점]

① $\dfrac{2}{35}$ ② $\dfrac{3}{35}$ ③ $\dfrac{4}{35}$ ④ $\dfrac{1}{7}$ ⑤ $\dfrac{6}{35}$

24 원 위에 일정한 간격으로 8개의 점이 놓여 있다. 이 중 세 개의 점을 연결하여 삼각형을 만들 때, 이 삼각형이 둔각삼각형일 확률은? [4점]

① $\dfrac{2}{7}$ ② $\dfrac{5}{14}$ ③ $\dfrac{3}{7}$ ④ $\dfrac{1}{2}$ ⑤ $\dfrac{4}{7}$

25 그림과 같이 인접한 교차로 사이의 거리가 모두 1인 바둑판 모양의 도로가 있다. A지점에서 B지점까지의 최단 경로 중에서 가로 또는 세로의 길이가 3 이상인 직선 구간을 포함하는 경로의 개수를 구하시오. [5점]

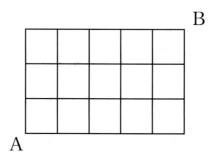

26 $\left(3x^2 + \dfrac{1}{x}\right)^6$ 의 전개식에서 상수항을 구하시오. [3점]

27 두 개의 주사위를 동시에 던져서 나온 두 눈의 수의 최대공약수가 1일 때, 나온 두 눈의 수의 합이 8일 확률은 $\dfrac{q}{p}$이다. $p+q$의 값을 구하시오. (단, p와 q는 서로소인 자연수이다.) [4점]

28 한 개의 주사위를 두 번 던져서 나오는 눈의 수를 차례로 a, b라 하자. ab가 6의 배수일 때, a 또는 b가 홀수일 확률은 $\dfrac{q}{p}$이다. $p+q$의 값을 구하시오. (단, p와 q는 서로소인 자연수) [3점]

29 흰 구슬 3개와 검은 구슬 4개가 들어있는 상자가 있다. 한 개의 주사위를 던져서 나오는 눈의 수가 3의 배수이면 이 상자에서 임의로 2개의 구슬을 동시에 꺼내고, 나오는 눈의 수가 3의 배수가 아니면 이 상자에서 임의로 3개의 구슬을 동시에 꺼낼 때, 꺼낸 구슬 중 검은 구슬의 개수가 2일 확률은 $\dfrac{q}{p}$이다. $p+q$의 값을 구하시오. (단, p와 q는 서로소인 자연수) [3점]

30 다항식 $(2x+1)^6$의 전개식에서 x^2의 계수는? [2점]

① 40   ② 60   ③ 80   ④ 100   ⑤ 120

31 숫자 1, 2, 3, 4, 5, 6이 하나씩 적혀 있는 6개의 공이 있다. 이 6개의 공을 일정한 간격을 두고 원형으로 배열할 때, 3의 배수가 적혀 있는 두 공이 서로 이웃하도록 배열하는 경우의 수는? (단, 회전하여 일치하는 것은 같은 것으로 본다.) [3점]

① 48　　　　② 54　　　　③ 60　　　　④ 66　　　　⑤ 72

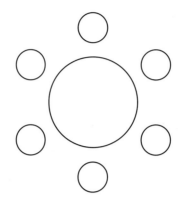

32

어느 학교의 컴퓨터 동아리는 남학생 21명, 여학생 18명으로 이루어져 있고, 모든 학생은 데스크톱 컴퓨터와 노트북 컴퓨터 중 한 가지만 사용한다고 한다. 이 동아리의 남학생 중에서 데스크톱 컴퓨터를 사용하는 학생은 15명이고, 여학생 중에서 노트북 컴퓨터를 사용하는 학생은 10명이다. 이 동아리 학생 중에서 임의로 선택한 1명이 데스크톱 컴퓨터를 사용하는 학생일 때, 이 학생이 남학생일 확률은? [3점]

① $\dfrac{8}{21}$　　　② $\dfrac{10}{21}$　　　③ $\dfrac{15}{23}$　　　④ $\dfrac{5}{7}$　　　⑤ $\dfrac{18}{23}$

33 1부터 10까지의 자연수가 하나씩 적혀 있는 10장의 카드가 있다. 이 10장의 카드 중에서 임의로 선택한 서로 다른 3장의 카드에 적혀 있는 세 수의 곱이 4의 배수일 확률은? [3점]

① $\dfrac{1}{6}$ ② $\dfrac{1}{3}$ ③ $\dfrac{1}{2}$ ④ $\dfrac{2}{3}$ ⑤ $\dfrac{5}{6}$

1	2	3	4	5
6	7	8	9	10

34 두 집합

$$X=\{1, 2, 3, 4, 5, 6, 7, 8\},$$
$$Y=\{1, 2, 3\}$$

에 대하여 다음 조건을 만족시키는 모든 함수
$f: X \to Y$의 개수는? [4점]

(가) 집합 X의 임의의 두 원소 x_1, x_2에 대하여 $x_1<x_2$이면 $f(x_1)\leq f(x_2)$이다.

(나) 집합 X의 모든 원소 x에 대하여 $(f\circ f\circ f)(x)=1$이다.

① 24 ② 27 ③ 30 ④ 33 ⑤ 36

35 검은 공 4개, 흰 공 2개가 들어 있는 주머니에 대하여 다음 시행을 2회 반복한다.

> 주머니에서 임의로 3개의 공을 동시에 꺼낸 후, 꺼낸 공 중에서 흰 공은 다시 주머니에 넣고 검은 공은 다시 넣지 않는다.

두 번째 시행의 결과 주머니에 흰 공만 2개 들어 있을 때, 첫 번째 시행의 결과 주머니에 들어 있는 검은 공의 개수가 2일 확률은 $\dfrac{q}{p}$이다. $p+q$의 값을 구하시오. (단, p와 q는 서로소인 자연수이다.) [4점]

36 $(x+2)^6$의 전개식에서 x^4의 계수는? [2점]

① 58 　　　 ② 60 　　　 ③ 62 　　　 ④ 64 　　　 ⑤ 66

37 세 학생 A, B, C를 포함한 6명의 학생이 있다. 이 6명의 학생이 일정한 간격을 두고 원 모양의 탁자에 모두 둘러앉았을 때, A와 C는 이웃하지 않고, B와 C도 이웃하지 않도록 앉는 경우의 수는? (단, 회전하여 일치하는 것은 같은 것으로 본다.) [3점]

① 24   ② 30   ③ 36   ④ 42   ⑤ 48

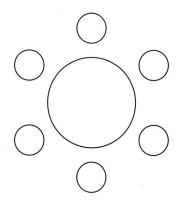

38 한 개의 주사위를 두 번 던져서 나온 눈의 수를 차례로 a, b라 하자. 이차부등식 $ax^2+2bx+a-3\le0$의 해가 존재할 확률은? [3점]

① $\dfrac{7}{9}$ ② $\dfrac{29}{36}$ ③ $\dfrac{5}{6}$ ④ $\dfrac{31}{36}$ ⑤ $\dfrac{8}{9}$

39 두 집합 $X=\{1, 2, 3, 4\}$, $Y=\{0, 1, 2, 3, 4, 5, 6\}$에 대하여 X에서 Y로의 함수 f 중에서

$$f(1)+f(2)+f(3)+f(4)=8$$

을 만족시키는 함수 f의 개수는? [4점]

① 137 ② 141 ③ 145 ④ 149 ⑤ 153

40

그림과 같이 두 주머니 A와 B에 흰 공 1개, 검은 공 1개가 각각 들어 있다. 주머니 A에 들어 있는 공의 개수 또는 주머니 B에 들어 있는 공의 개수가 0이 될 때까지 다음의 시행을 반복한다.

> 두 주머니 A, B에서 각각 임의로 하나씩 꺼낸 두 개의 공이
> 서로 같은 색이면 꺼낸 공을 모두 주머니 A에 넣고,
> 서로 다른 색이면 꺼낸 공을 모두 주머니 B에 넣는다.

4번째 시행의 결과 주머니 A에 들어 있는 공의 개수가 0일 때, 2번째 시행의 결과 주머니 A에 들어 있는 흰 공의 개수가 1 이상일 확률은 p이다. $36p$의 값을 구하시오. [4점]

A   B

선택 과목
과목: 확률과 통계
단원: 통계

01 이산확률변수 X는 이항분포 $\mathrm{B}\!\left(120, \dfrac{1}{121}\right)$을 따른다.

함수 $f(x)=\displaystyle\sum_{k=0}^{120}(x-ak)^2\mathrm{P}(X=k)$의 최솟값이 1이 되도록 하는 양수 a에 대하여 $120a$의 값을 구하시오. [4점]

02 그림은 1, 2, 3, 4가 적힌 정사면체의 전개도이다. 이 전개도로 만든 정사면체를 두 번 던질 때, 밑면에 적힌 수 중 첫 번째 수를 a, 두 번째 수를 b라 하자. $|a-b|$의 값을 확률변수 X라 할 때, $E(X)$의 값은? [3점]

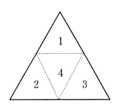

① $\dfrac{3}{4}$ ② $\dfrac{7}{8}$ ③ 1 ④ $\dfrac{9}{8}$ ⑤ $\dfrac{5}{4}$

03 확률변수 X가 정규분포 $N(5, 3^2)$을 따를 때,

$$P(|X-5| \leq 3) = 0.6826$$

이다. 확률변수 Y를 $Y = 2X + 1$이라 할 때, $P(Y \geq 17)$의 값은? [3점]

① 0.1037   ② 0.1587   ③ 0.3174   ④ 0.3413   ⑤ 0.6826

04 확률변수 X가 5보다 작은 자연수에서 값을 취하고 X의 확률분포가

$$P(X=k+1)=\frac{2}{5}P(X=k)\ (k=1,\ 2,\ 3)$$

로 주어질 때, $P(X\geq 3)$의 값은? [3점]

① $\dfrac{2}{29}$　　② $\dfrac{3}{29}$　　③ $\dfrac{4}{29}$　　④ $\dfrac{5}{29}$　　⑤ $\dfrac{6}{29}$

05

어느 농장에서 생산된 포도송이의 무게는 평균 600g, 표준편차 100g인 정규분포를 따른다고 한다. 이 농장에서 생산된 포도송이 중 임의로 100송이를 추출할 때, 포도송이의 무게가 636g 이상인 것이 42송이 이상일 확률을 아래 표준정규분포표를 이용하여 구한 것은? [4점]

z	$P(0 \le Z \le z)$
0.36	0.14
1.0	0.34
1.25	0.39
2.0	0.48

① 0.02   ② 0.11   ③ 0.14   ④ 0.16   ⑤ 0.36

06 확률변수 X는 정규분포 $N(0, \sigma^2)$을 따르고, 확률변수 Z는 표준정규분포 $N(0, 1^2)$을 따른다. 두 확률변수 X, Z의 확률밀도함수를 각각 $f(x)$, $g(x)$라 할 때, 다음 조건이 모두 성립한다.

> (가) $\sigma>1$
>
> (나) 두 곡선 $y=f(x)$, $y=g(x)$는 $x=-1.5$, $x=1.5$일 때 만난다.

두 곡선 $y=f(x)$, $y=g(x)$로 둘러싸인 부분의 넓이가 0.096일 때, X의 표준편차 σ의 값을 아래 표준정규분포표를 이용하여 구한 것은? [3점]

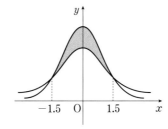

z	$P(0 \le Z \le z)$
1.2	0.385
1.5	0.433
2.0	0.477

① 1.20   ② 1.25   ③ 1.50   ④ 1.75   ⑤ 2.00

07 주머니 속에 1부터 5까지의 자연수가 각각 하나씩 적힌 5개의 공이 들어 있다. 이 주머니에서 임의로 3개의 공을 동시에 꺼낼 때, 꺼낸 공에 적힌 수의 최솟값을 확률변수 X라 하자. 이 때, X의 평균은? [3점]

① 1　　　　② $\dfrac{4}{3}$　　　　③ $\dfrac{3}{2}$　　　　④ $\dfrac{5}{3}$　　　　⑤ 2

08 서류전형 후 필기시험을 실시하는 어느 시험에서 720명이 서류전형에 합격하였다. 서류전형 합격자는 필기시험에서 A, B, C, D 4과목 중 2과목을 반드시 선택해야 하고, 각 과목을 선택할 확률은 모두 같다고 한다. 4과목 중 A, B를 선택한 서류전형의 합격자의 수가 110명 이상 145명 이하일 확률을 아래 표준정규분포표를 이용하여 구한 것은? [3점]

z	$P(0 \le Z \le z)$
1.0	0.3413
1.5	0.4332
2.0	0.4772
2.5	0.4938

① 0.0166　　　② 0.1359　　　③ 0.1525　　　④ 0.8351　　　⑤ 0.9104

09 어느 임업연구소의 A, B 두 연구원이 소나무 군락지의 소나무들의 생장 상태를 알아보기 위하여 100그루의 소나무들을 각각 a, b그루로 나누어 키를 조사하였더니 아래 표와 같은 결과를 얻었다. A, B 두 연구원이 각자 95%의 신뢰도로 군락지의 소나무들의 키의 평균을 추정하였더니 신뢰구간의 길이가 같았다. 소나무들의 키의 분포는 정규분포를 따른다고 할 때, $|a-b|$의 값을 구하시오. (단, 표준정규분포에서 $P(0 \leq Z \leq 1.96)=0.475$로 계산한다.) [4점]

	표본의 크기	표준 편차
A연구원	a 그루	3cm
B연구원	b 그루	4cm

10 다음은 어떤 모집단의 확률분포표이다.

X	0	3	6	합계
$P(X=x)$	$\dfrac{1}{3}$	a	$\dfrac{2}{3}-a$	1

이 모집단에서 크기가 3인 표본을 복원추출하여 구한 표본평균을 $\overline{X}$라 하자. $\overline{X}$의 분산이 $\dfrac{17}{12}$일 때, a의 값은? [3점]

① $\dfrac{1}{6}$ ② $\dfrac{1}{5}$ ③ $\dfrac{1}{4}$ ④ $\dfrac{1}{3}$ ⑤ $\dfrac{1}{2}$

11 평균이 m, 표준편차가 σ인 정규분포를 따르는 확률변수 X와 표준정규분포를 따르는 확률변수 Z가 다음 두 조건을 만족시킨다.

> (가) $P(X \geq 58) = P(Z \geq -1)$
>
> (나) $P(X \leq 55) = P(Z \geq 2)$

$m + \sigma$의 값은? [3점]

① 62   ② 63   ③ 64   ④ 65   ⑤ 66

12 주머니 속에 빨간 공 5개, 파란 공 5개가 들어있다. 이 주머니에서 5개의 공을 동시에 꺼낼 때, 꺼낸 공 중에서 더 많은 색의 공의 개수를 확률변수 X라 하자. 예를 들어 꺼낸 공이 빨간 공 2개, 파란 공 3개이면 $X=3$이다. $Y=14X+14$라 할 때 확률변수 Y의 평균을 구하시오. [4점]

13 정규분포 $N(50, 10^2)$을 따르는 모집단에서 임의로 25개의 표본을 뽑았을 때의 표본평균을 $\overline{X}$ 라 하자. 아래 표준정규분포표를 이용하여 $P(48 \le \overline{X} \le 54)$의 값을 구한 것은? [3점]

z	P($0 \le Z \le z$)
0.5	0.1915
1.0	0.3413
1.5	0.4332
2.0	0.4772

① 0.5328　　② 0.6247　　③ 0.7745　　④ 0.8185　　⑤ 0.9104

14 수직선 위의 원점에 위치한 점 A가 있다. 주사위 1개를 던질 때 3의 배수의 눈이 나오면 점 A를 양의 방향으로 3만큼 이동하고, 그 이외의 눈이 나오면 점 A를 음의 방향으로 2만큼 이동하는 시행을 한다. 이와 같은 시행을 72회 반복할 때, 점 A의 좌표를 확률변수 X라 하자. 확률 $P(X \geq 11)$의 값을 오른쪽 표준정규분포표를 이용하여 구한 것은? [4점]

z	$P(0 \leq Z \leq z)$
1.00	0.3413
1.25	0.3944
1.50	0.4332
1.75	0.4599
2.00	0.4772

① 0.0228   ② 0.0401   ③ 0.0668   ④ 0.1056   ⑤ 0.1587

15 책상 위에 있는 7개의 동전 중 3개는 앞면, 4개는 뒷면이 나와 있다. 이 중 임의로 3개의 동전을 택하여 뒤집어 놓았을 때, 7개의 동전 중 앞면이 나온 동전의 개수를 확률변수 X라 하자. 확률변수 $7X$의 평균을 구하시오. [4점]

16 주머니 속에 1, 2, 3, 4, 5의 수가 각각 하나씩 적힌 5개의 공이 들어 있다. 이 주머니에서 임의로 3개의 공을 동시에 꺼내어 적힌 수를 확인하고 다시 집어넣는 시행을 한다. 이와 같은 시행을 25회 반복할 때, 꺼낸 3개의 공에 적힌 수들 중 두 수의 합이 나머지 한 수와 같은 경우가 나오는 횟수를 확률변수 X라 하자. 확률변수 X^2의 평균 $\mathrm{E}(X^2)$의 값은? [3점]

① 102 ② 104 ③ 106 ④ 108 ⑤ 110

17 다음은 확률변수 X의 확률분포를 표로 나타낸 것이다.

X	0	1	2	3	계
$P(X=x)$	$\dfrac{1}{14}$	$6a$	$\dfrac{3}{7}$	a	1

$E(X)$의 값은? [3점]

① $\dfrac{11}{10}$ ② $\dfrac{6}{5}$ ③ $\dfrac{13}{10}$ ④ $\dfrac{7}{5}$ ⑤ $\dfrac{3}{2}$

18 정규분포를 따르는 두 연속확률변수 X, Y가 다음 조건을 만족시킨다.

(가) $Y=aX(a>0)$

(나) $P(X\leq 18)+P(Y\geq 36)=1$

(다) $P(X\leq 28)=P(Y\geq 28)$

$E(Y)$의 값은? [4점]

① 42　　　　② 44　　　　③ 46　　　　④ 48　　　　⑤ 50

19 정규분포를 따르는 두 연속확률변수 X, Y가 다음 조건을 만족시킨다.

> (가) $E(X)=10$
>
> (나) $Y=3X$

$P(X \leq k)=P(Y \geq k)$를 만족시키는 상수 k의 값은? [3점]

① 14   ② 15   ③ 16   ④ 17   ⑤ 18

20 확률변수 X가 이항분포 $\mathrm{B}(n, p)$를 따르고

$$\mathrm{E}(X^2)=40,\ \mathrm{E}(3X+1)=19$$

일 때, $\dfrac{\mathrm{P}(X=1)}{\mathrm{P}(X=2)}$ 의 값은? [4점]

① $\dfrac{4}{17}$　　② $\dfrac{7}{17}$　　③ $\dfrac{10}{17}$　　④ $\dfrac{13}{17}$　　⑤ $\dfrac{16}{17}$

21

어느 과수원에서 생산되는 사과의 무게는 평균이 350g이고 표준편차가 30g인 정규분포를 따른다고 한다. 이 과수원에서 생산된 사과 중에서 임의로 선택한 9개의 무게의 평균이 345g 이상 365g 이하일 확률을 오른쪽 표준정규분포표를 이용하여 구한 것은? [3점]

z	$P(0 \le Z \le z)$
0.5	0.1915
1.0	0.3413
1.5	0.4332
2.0	0.4772

① 0.5328   ② 0.6247   ③ 0.6687   ④ 0.7745   ⑤ 0.8185

22　확률변수 X의 확률분포를 표로 나타내면 다음과 같다.

X	0	1	2	합계
$P(X=x)$	a	b	c	1

$E(X)=1$, $V(X)=\dfrac{1}{4}$일 때, $P(X=0)$의 값은? [3점]

① $\dfrac{1}{32}$　　　② $\dfrac{1}{16}$　　　③ $\dfrac{1}{8}$　　　④ $\dfrac{1}{4}$　　　⑤ $\dfrac{1}{2}$

23 주머니 속에 흰 공이 5개, 검은 공이 3개 들어 있다. 이 주머니에서 임의로 4개의 공을 동시에 꺼낼 때, 나오는 검은 공의 개수를 확률변수 X라 하자. $E(X)$의 값은? [3점]

① $\dfrac{3}{2}$　　　　② $\dfrac{7}{4}$　　　　③ 2　　　　④ $\dfrac{9}{4}$　　　　⑤ $\dfrac{5}{2}$

24 다음 표는 어느 고등학교의 수학 점수에 대한 성취도의 기준을 나타낸 것이다.

성취도	A	B	C	D	E
수학 점수	89점 이상	79점 이상~ 89점 미만	67점 이상 ~ 79점 미만	54점 이상 ~ 67점 미만	54점 미만

예를 들어, 어떤 학생의 수학 점수가 89점 이상이면 성취도는 A이고, 79점 이상이고 89점 미만이면 성취도는 B이다. 이 학교 학생들의 수학 점수는 평균이 67점, 표준편차가 12점인 정규분포를 따른다고 할 때, 이 학교의 학생 중에서 수학 점수에 대한 성취도가 A 또는 B인 학생의 비율을 오른쪽 표준정규분포표를 이용하여 구한 것은? [3점]

z	$P(0 \leq Z \leq z)$
0.5	0.1915
1.0	0.3413
1.5	0.4332
2.0	0.4772

① 0.0228   ② 0.0668   ③ 0.1587   ④ 0.1915   ⑤ 0.3085

25

모평균이 85, 모표준편차가 6인 정규분포를 따르는 모집단에서 크기가 16인 표본을 임의추출하여 구한 표본평균을 $\overline{X}$라 할 때,

$$P(\overline{X} \geq k) = 0.0228$$

을 만족시키는 상수 k의 값을 아래 표준정규분포표를 이용하여 구하시오. [3점]

z	$P(0 \leq Z \leq z)$
0.5	0.1915
1.0	0.3413
1.5	0.4332
2.0	0.4772

26 확률변수 X가 가지는 값이 0부터 25까지의 정수이고, $0<p<\dfrac{1}{2}$인 실수 p에 대하여 X의 확률질량함수는

$$\mathrm{P}(X=x)={}_{25}\mathrm{C}_x\,p^x(1-p)^{25-x}\ (x=0,\ 1,\ 2,\ \cdots,\ 25)$$

이다. $\mathrm{V}(X)=4$일 때, $\mathrm{E}(X^2)$의 값을 구하시오. [4점]

27 확률변수 X가 이항분포 $B(5, p)$를 따르고,

$$P(X=3)=P(X=4)$$

일 때, $E(6X)$의 값은? (단, $0<p<1$) [3점]

① 5   ② 10   ③ 15   ④ 20   ⑤ 25

28

평균이 100, 표준편차가 σ인 정규분포를 따르는 모집단에서 크기가 25인 표본을 임의추출하여 구한 표본평균을 $\overline{X}$라 하자.

$P(98 \leq \overline{X} \leq 102) = 0.9876$일 때, σ의 값을 아래 표준정규분포표를 이용하여 구한 것은? [3점]

z	$P(0 \leq Z \leq z)$
1.5	0.4332
2.0	0.4772
2.5	0.4938
3.0	0.4987

① 2   ② $\dfrac{5}{2}$ ③ 3   ④ $\dfrac{7}{2}$ ⑤ 4

29 그림과 같이 8개의 칸에 숫자 0, 1, 2, 3, 4, 5, 6, 7이 하나씩 적혀 있는 말판이 있고, 숫자 0이 적혀 있는 칸에 말이 놓여 있다. 한 개의 주사위를 사용하여 다음 시행을 한다.

> 주사위를 한 번 던져
>
> 나오는 눈의 수가 3 이상이면 말을 화살표 방향으로 한 칸 이동시키고,
>
> 나오는 눈의 수가 3보다 작으면 말을 화살표 반대 방향으로 한 칸 이동시킨다.

위의 시행을 4회 반복한 후 말이 도착한 칸에 적혀 있는 수를 확률변수 X라 하자. $E(36X)$의 값을 구하시오. [4점]

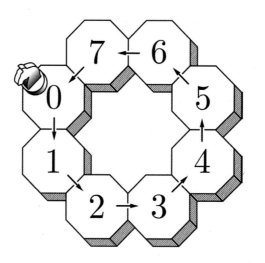

30 이산확률변수 X의 확률분포를 표로 나타내면 다음과 같다.

X	1	2	3	합계
$P(X=x)$	a	$\dfrac{a}{2}$	$\dfrac{a}{3}$	1

$E(11X+2)$의 값은? [3점]

① 18 　　　　② 19 　　　　③ 20 　　　　④ 21 　　　　⑤ 22

31
어느 회사에서 근무하는 직원들의 일주일 근무 시간은 평균이 42시간, 표준편차가 4시간인 정규분포를 따른다고 한다. 이 회사에서 근무하는 직원 중에서 임의추출한 4명의 일주일 근무 시간의 표본평균이 43시간 이상일 확률을 오른쪽 표준정규분포표를 이용하여 구한 것은? [3점]

z	$P(0 \leq Z \leq z)$
0.5	0.1915
1.0	0.3413
1.5	0.4332
2.0	0.4772

① 0.0228

② 0.0668

③ 0.1587

④ 0.3085

⑤ 0.3413

32 서로 다른 두 자연수 a, b에 대하여 두 확률변수 X, Y가 각각 정규분포 $N(a, \sigma^2)$, $N(2b-a, \sigma^2)$을 따른다. 확률변수 X의 확률밀도함수 $f(x)$와 확률변수 Y의 확률밀도함수 $g(x)$가 다음 조건을 만족시킬 때, $a+b$의 값을 구하시오. [4점]

> (가) $P(X \le 11) = P(Y \ge 11)$
>
> (나) $f(17) < g(10) < f(15)$

01

두 곡선

$$y=\frac{1}{x},\ y=\frac{1}{x+1}$$과 직선 $x=n(n$은 자연수)

이 만나는 점을 각각 A_n, B_n이라 하고, 사각형

$$A_nB_nB_{n+1}A_{n+1}$$

의 넓이를 S_n이라 하자. 이 때, $100\sum_{n=1}^{\infty}S_n$의 값을 구하시오. [4점]

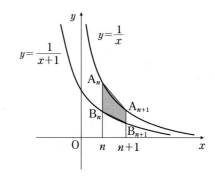

02 그림과 같이 두 곡선 $y=\log_2 x$, $y=-\log_2 x$가 직선 $x=n$(n은 2 이상의 자연수)과 만나는 점을 각각 A_n, B_n이라 하고, 점 A_n을 지나고 x축과 평행한 직선이 곡선 $y=-\log_2 x$와 만나는 점을 C_n이라 하자. 점 $D(1, 0)$에 대하여 두 삼각형 $A_n B_n D$, $A_n C_n D$ 의 넓이를 각각 S_n, T_n이라 할 때, $\displaystyle\lim_{n\to\infty}\frac{T_n}{S_n}$의 값은? [3점]

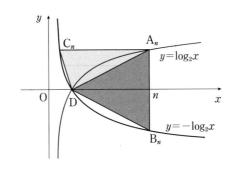

① $\dfrac{1}{2}$ ② $\dfrac{5}{8}$ ③ $\dfrac{3}{4}$ ④ $\dfrac{7}{8}$ ⑤ 1

03 그림과 같이 모든 자연수 n에 대하여 곡선 $y=x^2$과 직선 $y=2x+n$이 만나는 두 점을 각각 A_n, B_n이라 하자. 선분 A_nB_n의 길이를 a_n이라 할 때, $\lim\limits_{n \to \infty} \dfrac{\sqrt{5n+1}}{a_n}$의 값은? [3점]

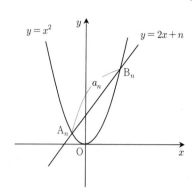

① $\dfrac{1}{4}$　　② $\dfrac{1}{3}$　　③ $\dfrac{1}{2}$　　④ 2　　⑤ 4

04 두 수열 $\{a_n\}$, $\{b_n\}$에 대하여 [보기]에서 항상 옳은 것을 모두 고른 것은? [3점]

┌─────────── 보 기 ───────────┐

ㄱ. 두 수열 $\{a_n\}$, $\{a_n b_n\}$이 모두 수렴하면 수열 $\{b_n\}$도 수렴한다.

ㄴ. 수열 $\{a_n - b_n\}$이 수렴할 때, 수열 $\{a_n\}$이 발산하면 수열 $\{b_n\}$도 발산한다.

ㄷ. 수열 $\{a_n b_n\}$이 0으로 수렴할 때, 수열 $\{a_n\}$이 0으로 수렴하지 않으면 수열 $\{b_n\}$은 0으로 수렴한다.

└──────────────────────────┘

① ㄱ   ② ㄴ   ③ ㄷ   ④ ㄱ, ㄴ   ⑤ ㄴ, ㄷ

05 세 수열 $\{a_n\}$, $\{b_n\}$, $\{c_n\}$에 대하여 옳은 것만을 [보기]에서 있는 대로 고른 것은? [4점]

┌─── 보 기 ───┐

ㄱ. $0<a_n<b_n(n=1, 2, 3, \cdots)$이고 $\displaystyle\lim_{n\to\infty}b_n=\infty$이면 $\displaystyle\lim_{n\to\infty}\frac{a_n}{{b_n}^2}=0$이다.

ㄴ. 수열 $\{a_n\}$이 발산하고 수열 $\{a_nb_n\}$이 수렴하면 $\displaystyle\lim_{n\to\infty}b_n=0$이다.

ㄷ. $a_n<b_n<c_n(n=1, 2, 3, \cdots)$이고 $\displaystyle\lim_{n\to\infty}(n+1)a_n=\lim_{n\to\infty}(n-1)c_n=1$이면 $\displaystyle\lim_{n\to\infty}nb_n=1$이다.

① ㄱ　　　② ㄴ　　　③ ㄱ, ㄴ　　　④ ㄱ, ㄷ　　　⑤ ㄴ, ㄷ

06 무리함수 $f(x)=\sqrt{x+1}$과 자연수 n에 대하여 그림과 같이 $y=f(x)$의 그래프 위의 한 점 $P_n(n, f(n))$에서 x축에 내린 수선의 발을 Q_n, y축에 내린 수선의 발을 R_n이라 하자.

점 $A(-1, 0)$에 대하여 사각형 $AQ_nP_nR_n$의 넓이를 S_n,

삼각형 AQ_nP_n의 넓이를 T_n이라 할 때,

$\lim\limits_{n\to\infty}\dfrac{S_n+T_n}{S_n-T_n}$ 의 값은? [3점]

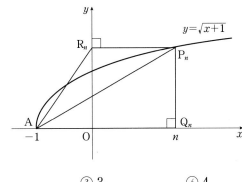

① 1　　　　② 2　　　　③ 3　　　　④ 4　　　　⑤ 5

07 $\lim\limits_{x \to \frac{\pi}{2}} \dfrac{\cos^2 x}{(2x-\pi)^2}$ 의 값은? [2점]

① $\dfrac{1}{4}$ ② $\dfrac{1}{2}$ ③ 1 ④ 2 ⑤ 4

08

$\lim\limits_{x \to 1} \dfrac{\ln x}{x^3 - 1}$ 의 값은? [2점]

① $\dfrac{1}{3}$　　　② $\dfrac{1}{2}$　　　③ 1　　　④ $\dfrac{3}{2}$　　　⑤ 2

09 등식 $\displaystyle\sum_{n=2}^{\infty}(1+c)^{-n}=2$ 를 만족시키는 상수 c에 대하여 $2c+1$의 값은? [3점]

① $-\sqrt{3}$ ② $-\sqrt{2}$ ③ $\sqrt{2}$ ④ $\sqrt{3}$ ⑤ 2

10 그림과 같이 길이가 2인 선분 AB를 지름으로 하는 반원 위를 움직이는 점 C가 있다. 호 BC 의 길이를 이등분하는 점을 M이라 하고, 두 점 C, M에서 선분 AB에 내린 수선의 발을 각각 D, N이라 하자. $\angle \mathrm{CAB}=\theta$라 할 때, 사각형 CDNM의 넓이를 $S(\theta)$라 하자. $\displaystyle\lim_{\theta \to 0+} \frac{S(\theta)}{\theta^3}=a$일 때, $16a$의 값을 구하시오. (단, 점 C는 선분 AB의 양 끝점이 아니다.) [4점]

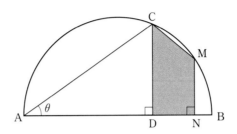

11 그림과 같이 $\overline{AB}=\overline{AC}=5$, $\overline{BC}=6$인 이등변삼각형 ABC가 있다. 선분 BC의 중점 M_1을 잡고 두 선분 AB, AC 위에 각각 점 B_1, C_1을

$$\angle B_1 M_1 C_1 = 90° 이고 \overline{B_1 C_1} /\!/ \overline{BC}$$

가 되도록 잡아 직각삼각형 $B_1 M_1 C_1$을 만든다.

선분 $B_1 C_1$의 중점 M_2를 잡고 두 선분 AB_1, AC_1 위에 각각 점 B_2, C_2를 $\angle B_2 M_2 C_2 = 90°$이고 $\overline{B_2 C_2} /\!/ \overline{B_1 C_1}$이 되도록 잡아 직각삼각형 $B_2 M_2 C_2$를 만든다. 이와 같은 과정을 계속하여 n번째 만든 직각삼각형 $B_n M_n C_n$의 넓이를 S_n이라 할 때,

$\displaystyle\sum_{n=1}^{\infty} S_n$의 값은? [4점]

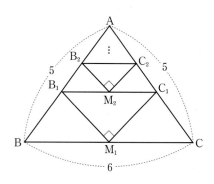

① $\dfrac{47}{11}$ ② $\dfrac{48}{11}$ ③ $\dfrac{49}{11}$ ④ $\dfrac{50}{11}$ ⑤ $\dfrac{51}{11}$

12 수열 $\{a_n\}$에 대하여 $\displaystyle\sum_{n=1}^{\infty}\left(\dfrac{a_n}{3^n}-4\right)=2$일 때, $\displaystyle\lim_{n\to\infty}\dfrac{a_n+2^n}{3^{n-1}+4}$ 의 값은? [3점]

① 10   ② 12   ③ 14   ④ 16   ⑤ 18

13 그림과 같이 한 변의 길이가 6인 정사각형 ABCD가 있다. 두 선분 AB, CD의 중점을 각각 M, N이라 하자. 두 선분 BC, AD 위에 $\overline{ME}=\overline{MF}=\overline{AB}$가 되도록 각각 점 E, F를 잡고, 중심이 M인 부채꼴 MEF를 그린다.

두 선분 BC, AD 위에 $\overline{NG}=\overline{NH}=\overline{AB}$가 되도록 각각 점 G, H를 잡고, 중심이 N인 부채꼴 NHG를 그린다. 두 부채꼴 MEF, NHG의 내부에서 공통부분을 제외한 나머지 부분에 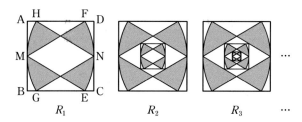와 같이 색칠하여 얻은 그림을 R_1이라 하자.

그림 R_1에서 두 부채꼴 MEF, NHG의 공통부분인 마름모의 각 변에 꼭짓점이 있고, 네 변이 정사각형 ABCD의 네 변과 각각 평행한 정사각형을 그린다. 새로 그려진 정사각형에 그림 R_1을 얻은 방법과 같은 방법으로 2개의 부채꼴을 각각 그린 다음 2개의 부채꼴의 내부에서 공통부분을 제외한 나머지 부분에 와 같이 색칠하여 얻은 그림을 R_2라 하자.

이와 같은 과정을 계속하여 n번째 얻은 그림 R_n에서 색칠된 부분의 넓이를 S_n이라 할 때, $\lim\limits_{n\to\infty}S_n$의 값은? [4점]

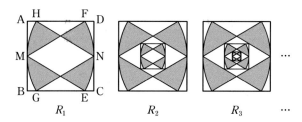

① $8\sqrt{3}\,(\pi-\sqrt{3}\,)$ ② $9\sqrt{3}\,(\pi-\sqrt{3}\,)$ ③ $10\sqrt{3}\,(\pi-\sqrt{3}\,)$

④ $11\sqrt{3}\,(\pi-\sqrt{3}\,)$ ⑤ $12\sqrt{3}\,(\pi-\sqrt{3}\,)$

14 그림과 같이 선분 BC를 빗변으로 하고, $\overline{BC}=8$인 직각삼각형 ABC가 있다.

점 B를 중심으로 하고 반지름의 길이가 $\overline{AB}$인 원이 선분 BC와 만나는 점을 D,

점 C를 중심으로 하고 반지름의 길이가 $\overline{AC}$인 원이 선분 BC와 만나는 점을 E라 하자.

$\angle ACB=\theta$라 할 때, 삼각형 AED의 넓이를 $S(\theta)$라 하자.

$\lim\limits_{\theta \to 0+} \dfrac{S(\theta)}{\theta^2}$ 의 값은? [4점]

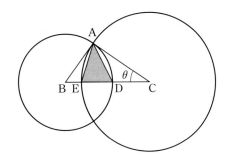

① 16   ② 20   ③ 24   ④ 28   ⑤ 32

15 자연수 k에 대하여

$$a_k = \lim_{n \to \infty} \frac{5^{n+1}}{5^n k + 4k^{n+1}}$$

이라 할 때, $\displaystyle\sum_{k=1}^{10} ka_k$의 값은? [4점]

① 16   ② 20   ③ 21   ④ 25   ⑤ 50

16 $\lim\limits_{n \to \infty}\left(\sqrt{an^2+bn}-\sqrt{2n^2+1}\right)=1$일 때, ab의 값은? (단, a, b는 상수이다.) [2점]

① $\sqrt{2}$ ② 2 ③ $2\sqrt{2}$ ④ 4 ⑤ $4\sqrt{2}$

17

그림과 같이 $\overline{AB_1}=2$, $\overline{AD_1}=\sqrt{5}$인 직사각형 $AB_1C_1D_1$이 있다. 중심이 A이고 반지름의 길이가 $\overline{AD_1}$인 원과 선분 B_1C_1의 교점을 E_1, 중심이 C_1이고 반지름의 길이가 $\overline{C_1D_1}$인 원과 선분 B_1C_1의 교점을 F_1이라 하자. 호 D_1F_1과 두 선분 D_1E_1, F_1E_1로 둘러싸인 부분에 색칠하여 얻은 그림을 R_1이라 하자.

그림 R_1에서 선분 AB_1 위의 점 B_2, 호 D_1F_1 위의 점 C_2, 선분 AD_1 위의 점 D_2와 점 A를 꼭짓점으로 하고 $\overline{AB_2}:\overline{AD_2}=2:\sqrt{5}$인 직사각형 $AB_2C_2D_2$를 그린다. 중심이 A이고 반지름의 길이가 $\overline{AD_2}$인 원과 선분 B_2C_2의 교점을 E_2, 중심이 C_2이고 반지름의 길이가 $\overline{C_2D_2}$인 원과 선분 B_2C_2의 교점을 F_2라 하자. 호 D_2F_2와 두 선분 D_2E_2, F_2E_2로 둘러싸인 부분에 색칠하여 얻은 그림을 R_2라 하자.

이와 같은 과정을 계속하여 n번째 얻은 그림 R_n에 색칠되어 있는 부분의 넓이를 S_n이라 할 때, $\lim_{n\to\infty}S_n$의 값은? [3점]

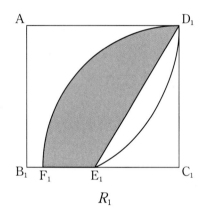

R_1

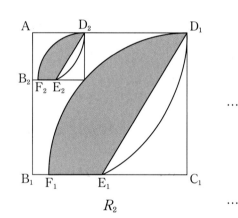

R_2

① $\dfrac{8\pi+8-8\sqrt{5}}{7}$

② $\dfrac{8\pi+8-7\sqrt{5}}{7}$

③ $\dfrac{9\pi+9-9\sqrt{5}}{8}$

④ $\dfrac{9\pi+9-8\sqrt{5}}{8}$

⑤ $\dfrac{10\pi+10-10\sqrt{5}}{9}$

18 그림과 같이 길이가 4인 선분 AB의 중점 O에 대하여 선분 OB를 반지름으로 하는 사분원 OBC가 있다. 호 BC 위를 움직이는 점 P에 대하여 선분 OB 위의 점 Q가 $\angle APC = \angle PCQ$ 를 만족시킨다. 선분 AP가 두 선분 CO, CQ와 만나는 점을 각각 R, S라 하자. $\angle PAB = \theta$일 때, 삼각형 RQS의 넓이를 $S(\theta)$라 하자. $\lim\limits_{\theta \to 0+} \dfrac{S(\theta)}{\theta^2}$의 값은? $\left(\text{단, } 0 < \theta < \dfrac{\pi}{4}\right)$ [4점]

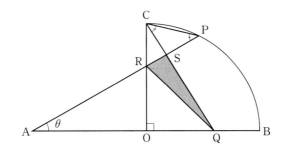

① $\dfrac{1}{4}$ ② $\dfrac{1}{2}$ ③ 1   ④ 2   ⑤ 4

수학 영역(선택)

19 $\displaystyle\lim_{n\to\infty}\dfrac{1}{\sqrt{an^2+bn}-\sqrt{n^2-1}}=4$ 일 때, ab의 값은? (단, a, b는 상수이다.) [2점]

① $\dfrac{1}{4}$ ② $\dfrac{1}{2}$ ③ $\dfrac{3}{4}$ ④ 1 ⑤ $\dfrac{5}{4}$

20 그림과 같이 $\overline{A_1B_1}=4$, $\overline{A_1D_1}=3$인 직사각형 $A_1B_1C_1D_1$이 있다. 선분 A_1D_1을 $1:2$, $2:1$로 내분하는 점을 각각 E_1, F_1이라 하고, 두 선분 A_1B_1 , D_1C_1을 $1:3$으로 내분하는 점을 각각 G_1, H_1이라 하자. 두 삼각형 $C_1E_1G_1$, $B_1H_1F_1$로 만들어진 ⚜ 모양의 도형에 색칠하여 얻은 그림을 R_1이라 하자.

그림 R_1에서 두 선분 B_1H_1 , C_1G_1이 만나는 점을 I_1이라 하자. 선분 B_1I_1 위의 점 A_2, 선분 C_1I_1 위의 점 D_2, 선분 B_1C_1 위의 두 점 B_2, C_2를 $\overline{A_2B_2}:\overline{A_2D_2}=4:3$인 직사각형 $A_2B_2C_2D_2$가 되도록 잡는다. 그림 R_1을 얻은 것과 같은 방법으로 직사각형 $A_2B_2C_2D_2$에 ⚜ 모양의 도형을 그리고 색칠하여 얻은 그림을 R_2라 하자.

이와 같은 과정을 계속하여 n번째 얻은 그림 R_n에 색칠되어 있는 부분의 넓이를 S_n이라 할 때, $\lim\limits_{n\to\infty}S_n$의 값은? [3점]

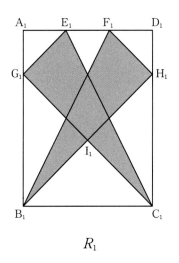

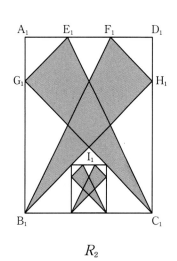

R_1 R_2

① $\dfrac{347}{64}$ ② $\dfrac{351}{64}$ ③ $\dfrac{355}{64}$ ④ $\dfrac{359}{64}$ ⑤ $\dfrac{363}{64}$

21 그림과 같이 반지름의 길이가 5이고 중심각의 크기가 $\frac{\pi}{2}$인 부채꼴 OAB에서 선분 OB를 2 : 3으로 내분하는 점을 C라 하자. 점 P에서 호 AB에 접하는 직선과 직선 OB의 교점을 Q라 하고, 점 C에서 선분 PB에 내린 수선의 발을 R, 점 R에서 선분 PQ에 내린 수선의 발을 S라 하자. ∠POB＝θ일 때, 삼각형 OCP의 넓이를 $f(\theta)$, 삼각형 PRS의 넓이를 $g(\theta)$라 하자.

$80 \times \lim\limits_{\theta \to 0+} \dfrac{g(\theta)}{\theta^2 \times f(\theta)}$ 의 값을 구하시오. $\left(\text{단, } 0 < \theta < \dfrac{\pi}{2}\right)$ [4점]

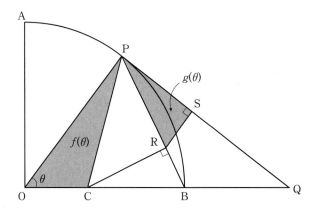

01 $0 \le x \le \pi$에서 정의된 함수

$$f(x) = \frac{\cos x}{\sin x + 2}$$

에 대하여 곡선 $y = f(x)$와 x축, y축으로 둘러싸인 부분의 넓이를 S_1, 곡선 $y = f(x)$와 x축 및 직선 $x = \pi$로 둘러싸인 부분의 넓이를 S_2라 하자. $S_1 + S_2$의 값은? [4점]

① $\ln \dfrac{3}{2}$ ② $\ln \dfrac{4}{3}$ ③ $2\ln \dfrac{3}{2}$ ④ $2\ln \dfrac{4}{3}$ ⑤ $4\ln \dfrac{3}{2}$

02

함수 $f(x) = x\sin x$에 대하여 옳은 것만을 [보기]에서 있는 대로 고른 것은? [4점]

┌─ 보 기 ─┐

ㄱ. 함수 $f(x)$는 $x=0$에서 극솟값을 갖는다.

ㄴ. 직선 $y=x$는 곡선 $y=f(x)$에 접한다.

ㄷ. 함수 $f(x)$가 $x=a$에서 극댓값을 갖는 a가 구간 $\left(\dfrac{\pi}{2}, \dfrac{3}{4}\pi\right)$에 존재한다.

① ㄱ   ② ㄱ, ㄴ   ③ ㄱ, ㄷ   ④ ㄴ, ㄷ   ⑤ ㄱ, ㄴ, ㄷ

03 함수 $f(x)$가 다음 조건을 만족시킨다.

> (가) $0 \le x < 1$일 때, $f(x) = e^x - 1$이다.
>
> (나) 모든 실수 x에 대하여 $f(x+1) = -f(x) + e - 1$이다.

$\displaystyle\int_0^3 f(x)dx$의 값은? [4점]

① $2e - 3$　　② $2e - 1$　　③ $2e + 1$　　④ $2e + 3$　　⑤ $2e + 5$

04

좌표평면에 중심이 $(0, 2)$이고 반지름의 길이가 1인 원 C가 있고, 이 원 위의 점 P가 점 $(0, 3)$의 위치에 있다. 원 C는 직선 $y=3$에 접하면서 x축의 양의 방향으로 미끄러지지 않고 굴러간다. 그림은 원 C가 굴러간 거리가 t일 때, 점 P의 위치를 나타낸 것이다.

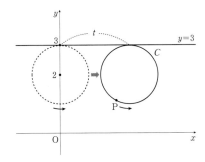

점 P가 나타내는 곡선을 F라 하자. $t=\dfrac{2}{3}\pi$일 때 곡선 F 위의 점에서의 접선의 기울기는? [4점]

① -3 ② -2 ③ $-\dfrac{\sqrt{3}}{2}$ ④ $-\dfrac{\sqrt{2}}{2}$ ⑤ $-\dfrac{\sqrt{3}}{3}$

05 자연수 n에 대하여 함수 $f(x)=x^n \ln x$의 최솟값을 $g(n)$이라 하자. $g(n) \le -\dfrac{1}{6e}$을 만족시키는 모든 n의 값의 합을 구하시오. [3점]

06 연속함수 $f(x)$가 모든 실수 x에 대하여

$$f(x) = e^x + \int_0^1 tf(t)dt$$

를 만족시킬 때, $\int_0^1 f(x)dx$의 값은? [3점]

① $e-1$　　　　② $e+1$　　　　③ $2e-1$　　　　④ $2e$　　　　⑤ $2e+1$

07 함수

$$f(x) = \begin{cases} 1+\sin x & (x \le 0) \\ -1+\sin x & (x > 0) \end{cases}$$

에 대하여 [보기]에서 옳은 것만을 있는 대로 고른 것은? [4점]

┌─ 보 기 ─┐

ㄱ. $\lim\limits_{x \to 0} f(x)f(-x) = -1$

ㄴ. 함수 $f(f(x))$는 $x = \dfrac{\pi}{2}$에서 연속이다.

ㄷ. 함수 $\{f(x)\}^2$은 $x = 0$에서 미분가능하다.

① ㄱ   ② ㄱ, ㄴ   ③ ㄱ, ㄷ   ④ ㄴ, ㄷ   ⑤ ㄱ, ㄴ, ㄷ

08 매개변수 $t\,(t>0)$으로 나타내어진 함수

$$x=t^3,\ y=2t-\sqrt{2t}$$

의 그래프 위의 점 $(8,\ a)$에서의 접선의 기울기는 b이다. $100ab$의 값을 구하시오. [3점]

09 곡선 $y=\tan\dfrac{x}{2}$ 와 직선 $x=\dfrac{\pi}{2}$ 및 x축으로 둘러싸인 부분의 넓이는? [3점]

① $\dfrac{1}{4}\ln 2$ ② $\dfrac{1}{2}\ln 2$ ③ $\ln 2$ ④ $2\ln 2$ ⑤ $4\ln 2$

10 지수함수 $f(x)=a^x$ $(0<a<1)$의 그래프가 직선 $y=x$와 만나는 점의 x좌표를 b라 하자. 함수

$$g(x)=\begin{cases} f(x) & (x\le b) \\ f^{-1}(x) & (x>b) \end{cases}$$

가 실수 전체의 집합에서 미분가능할 때, ab의 값은? [4점]

① e^{-e-1} ② $e^{-e-\frac{1}{e}}$ ③ $e^{-e+\frac{1}{e}}$ ④ e^{e-1} ⑤ e^{e+1}

11 곡선 $y=\sin^2 x\,(0\le x\le \pi)$의 두 변곡점을 각각 A, B라 할 때, 점 A에서의 접선과 점 B에서의 접선이 만나는 점의 y좌표는 $p+q\pi$이다. $40(p+q)$의 값을 구하시오. (단, p, q는 유리수이다.)

[4점]

12 도함수가 실수 전체의 집합에서 연속인 함수 $f(x)$가 다음 조건을 만족시킨다.

> (가) 모든 실수 x에 대하여 $f(-x)=-f(x)$이다.
>
> (나) $f(\pi)=0$
>
> (다) $\displaystyle\int_0^\pi x^2 f'(x)dx=-8\pi$

$\displaystyle\int_{-\pi}^\pi (x+\cos x)f(x)dx=k\pi$일 때, k의 값을 구하시오. [3점]

13 함수 $f(x)=x^3+ax^2-ax-a$의 역함수가 존재할 때, $f(x)$의 역함수를 $g(x)$라 하자. 자연수 n에 대하여 $n \times g'(n)=1$을 만족시키는 실수 a의 개수를 a_n이라 할 때, $\sum_{n=1}^{27} a_n$의 값을 구하시오.

[4점]

14 함수 $f(x) = \dfrac{2x}{x+1}$ 의 그래프 위의 두 점 $(0, 0)$, $(1, 1)$에서의 접선을 각각 l, m이라 하자. 두 직선 l, m이 이루는 예각의 크기를 θ라 할 때, $12\tan\theta$의 값을 구하시오. [4점]

15 곡선 $y=e^{\frac{x}{3}}$ 과 이 곡선 위의 점 $(3,\ e)$ 에서의 접선 및 y축으로 둘러싸인 도형의 넓이는? [3점]

① $\dfrac{e}{2}-1$ ② $e-2$ ③ $\dfrac{3}{2}e-3$ ④ $2e-4$ ⑤ $\dfrac{5}{2}e-5$

16 함수 $f(x) = \dfrac{x}{e^x}$ 에 대하여 구간 $\left(\dfrac{12}{e^{12}}, \infty\right)$ 에서 정의된 함수

$$g(t) = \int_0^{12} |f(x) - t| \, dx$$

가 $t = k$ 에서 극솟값을 갖는다. 방정식 $f(x) = k$의 실근의 최솟값을 a라 할 때, $g'(1) + \ln\left(\dfrac{6}{a} + 1\right)$ 의 값을 구하시오. [4점]

17 실수 전체의 집합에서 미분가능한 함수 $f(x)$가 모든 실수 x에 대하여

$$xf(x)=x^2e^{-x}+\int_1^x f(t)dt$$

를 만족시킬 때, $f(2)$의 값은? [3점]

① $\dfrac{1}{e}$　　　② $\dfrac{e+1}{e^2}$　　　③ $\dfrac{e+2}{e^2}$　　　④ $\dfrac{e+3}{e^2}$　　　⑤ $\dfrac{e+4}{e^2}$

18 다항함수 $f(x)$에 대하여 함수

$$g(x) = f(x)\sin x$$

가 다음 조건을 만족시킬 때, $f(4)$의 값은? [4점]

> (가) $\displaystyle\lim_{x \to \infty} \frac{g(x)}{x^2} = 0$ (나) $\displaystyle\lim_{x \to 0} \frac{g'(x)}{x} = 6$

① 11   ② 12   ③ 13   ④ 14   ⑤ 15

19 두 함수

$$f(x)=4\sin\frac{\pi}{6}x,\ g(x)=|2\cos kx+1|$$

이 있다. $0<x<2\pi$에서 정의된 함수

$$h(x)=(f\circ g)(x)$$

에 대하여 [보기]에서 옳은 것만을 있는 대로 고른 것은? (단, k는 자연수이다.) [4점]

─〔보 기〕─

ㄱ. $k=1$일 때, 함수 $h(x)$는 $x=\dfrac{2}{3}\pi$에서 미분가능하지 않다.

ㄴ. $k=2$일 때, 방정식 $h(x)=2$의 서로 다른 실근의 개수는 6이다.

ㄷ. 함수 $|h(x)-k|$가 $x=\alpha(0<\alpha<2\pi)$에서 미분가능하지 않은 실수 α의 개수를 a_k라 할 때,

$$\sum_{k=1}^{4}a_k=34\text{이다.}$$

① ㄱ　　　　② ㄱ, ㄴ　　　　③ ㄱ, ㄷ　　　　④ ㄴ, ㄷ　　　　⑤ ㄱ, ㄴ, ㄷ

20 함수 $f(x) = (3x + e^x)^3$에 대하여 $f'(0)$의 값을 구하시오. [3점]

21 함수 $f(x)=xe^{2x}-(4x+a)e^x$이 $x=-\dfrac{1}{2}$에서 극댓값을 가질 때, $f(x)$의 극솟값은?
(단, a는 상수이다.) [4점]

① $1-\ln 2$ ② $2-2\ln 2$ ③ $3-3\ln 2$ ④ $4-4\ln 2$ ⑤ $5-5\ln 2$

22 매개변수 t로 나타내어진 곡선

$$x=2\sqrt{2}\sin t+\sqrt{2}\cos t,\ y=\sqrt{2}\sin t+2\sqrt{2}\cos t$$

가 있다. 이 곡선 위의 $t=\dfrac{\pi}{4}$에 대응하는 점에서의 접선의 y절편을 구하시오. [3점]

23 함수

$$f(x) = \frac{e^x}{\sin x + \cos x}$$

에 대하여

$$-\frac{\pi}{4} < x < \frac{3}{4}\pi$$

에서 방정식 $f(x) - f'(x) = 0$의 실근은? [3점]

① $-\frac{\pi}{6}$ ② $\frac{\pi}{6}$ ③ $\frac{\pi}{4}$ ④ $\frac{\pi}{3}$ ⑤ $\frac{\pi}{2}$

24 함수 $f(x)$를

$$f(x) = \int_0^x |t \sin t| \, dt - \left| \int_0^x t \sin t \, dt \right|$$

라 할 때, [보기]에서 옳은 것만을 있는 대로 고른 것은? [4점]

┌─ 보 기 ─┐

ㄱ. $f(2\pi) = 2\pi$

ㄴ. $\pi < \alpha < 2\pi$인 α에 대하여 $\int_0^\alpha t \sin t \, dt = 0$이면 $f(\alpha) = \pi$이다.

ㄷ. $2\pi < \beta < 3\pi$인 β에 대하여 $\int_0^\beta t \sin t \, dt = 0$이면 $\int_\beta^{3\pi} f(x) \, dx = 6\pi(3\pi - \beta)$이다.

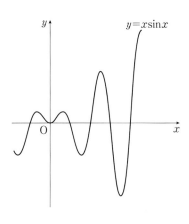

① ㄱ   ② ㄱ, ㄴ   ③ ㄱ, ㄷ   ④ ㄴ, ㄷ   ⑤ ㄱ, ㄴ, ㄷ

25 $\displaystyle\lim_{n\to\infty}\sum_{k=1}^{n}\frac{1}{n+3k}$ 의 값은? [3점]

① $\dfrac{1}{3}\ln 2$　　　② $\dfrac{2}{3}\ln 2$　　　③ $\ln 2$　　　④ $\dfrac{4}{3}\ln 2$　　　⑤ $\dfrac{5}{3}\ln 2$

26　매개변수 t로 나타내어진 곡선

$$x=e^t\cos(\sqrt{3}\,t)-1,\ y=e^t\sin(\sqrt{3}\,t)+1\ (0\le t\le \ln 7)$$

의 길이는? [3점]

① 9　　　② 10　　　③ 11　　　④ 12　　　⑤ 13

27 양의 실수 t에 대하여 곡선 $y=\ln(2x^2+2x+1)\ (x>0)$과 직선 $y=t$가 만나는 점의 x좌표를 $f(t)$라 할 때, $f'(2\ln 5)$의 값은? [3점]

① $\dfrac{25}{14}$　　② $\dfrac{13}{7}$　　③ $\dfrac{27}{14}$　　④ 2　　⑤ $\dfrac{29}{14}$

28 실수 전체의 집합에서 연속인 함수 $f(x)$가 다음 조건을 만족시킨다.

> (가) $-1 \leq x \leq 1$에서 $f(x) < 0$이다.
>
> (나) $\displaystyle\int_{-1}^{0} |f(x)\sin x|\,dx = 2,\ \int_{0}^{1} |f(x)\sin x|\,dx = 3$

함수 $g(x) = \displaystyle\int_{-1}^{x} |f(t)\sin t|\,dt$에 대하여 $\displaystyle\int_{-1}^{1} f(-x)g(-x)\sin x\,dx = \dfrac{q}{p}$ 이다. $p+q$의 값을 구하시오. (단, p와 q는 서로소인 자연수이다.) [4점]

29 최고차항의 계수가 1인 삼차함수 $f(x)$에 대하여 함수

$$g(x) = \begin{cases} f(x) & (0 \le x \le 2) \\ \dfrac{f(x)}{x-1} & (x<0 \text{ 또는 } x>2) \end{cases}$$

가 다음 조건을 만족시킨다.

(가) 함수 $g(x)$는 실수 전체의 집합에서 연속이고, $g(2) \ne 0$이다.

(나) 함수 $g(x)$가 $x=a$에서 미분가능하지 않은 실수 a의 개수는 1이다.

(다) $g(k)=0$, $g'(k)=\dfrac{16}{3}$인 실수 k가 존재한다.

함수 $g(x)$의 극솟값이 p일 때, p^2의 값을 구하시오. [4점]

30 함수 $f(x)=x^3+3x+1$의 역함수를 $g(x)$라 하자. 함수 $h(x)=e^x$에 대하여 $(h\circ g)'(5)$의 값은?

[3점]

① $\dfrac{e}{8}$　　　② $\dfrac{e}{7}$　　　③ $\dfrac{e}{6}$　　　④ $\dfrac{e}{5}$　　　⑤ $\dfrac{e}{4}$

31 함수 $f(x)=x^2 e^{x^2-1}$에 대하여 $\displaystyle\lim_{n\to\infty}\sum_{k=1}^{n}\frac{2}{n+k}\,f\!\left(1+\frac{k}{n}\right)$의 값은? [3점]

① e^3-1 ② $e^3-\dfrac{1}{e}$ ③ e^4-1 ④ $e^4-\dfrac{1}{e}$ ⑤ e^5-1

32 구간 $(0, \infty)$에서 정의된 미분가능한 함수 $f(x)$가 있다. 모든 양수 t에 대하여 곡선 $y = f(x)$ 위의 점 $(t, f(t))$에서의 접선의 기울기는 $\dfrac{\ln t}{t^2}$이다. $f(1) = 0$일 때, $f(e)$의 값은? [3점]

① $\dfrac{e-2}{3e}$　　　② $\dfrac{e-2}{2e}$　　　③ $\dfrac{e-1}{3e}$

④ $\dfrac{e-2}{e}$　　　⑤ $\dfrac{e-1}{e}$

33 $0<a<1$인 실수 a에 대하여 구간 $\left[0, \dfrac{\pi}{2}\right)$에서 정의된 두 함수

$y=\sin x$, $y=a\tan x$의 그래프로 둘러싸인 부분의 넓이를 $f(a)$라 할 때, $f'\left(\dfrac{1}{e^2}\right)$의 값은? [4점]

① $-\dfrac{5}{2}$ ② -2 ③ $-\dfrac{3}{2}$ ④ -1 ⑤ $-\dfrac{1}{2}$

34 최고차항의 계수가 -2인 이차함수 $f(x)$와 두 실수 $a(a>0)$, b에 대하여 함수

$$g(x)=\begin{cases} \dfrac{f(x+1)}{x} & (x<0) \\ f(x)e^{x-a}+b & (x\geq 0) \end{cases}$$

이 다음 조건을 만족시킨다.

(가) $\displaystyle\lim_{x\to 0-}g(x)=2$이고 $g'(a)=-2$이다.

(나) $s<0\leq t$이면 $\dfrac{g(t)-g(s)}{t-s}\leq -2$이다.

$a-b$의 최솟값을 구하시오. [4점]

01 포물선 $y^2-4y-8x+28=0$의 축에 수직이고 초점을 지나는 현의 길이는? [3점]

① 2   ② 4   ③ 6   ④ 8   ⑤ 10

02 타원 $9x^2+16y^2=144$ 위의 점 (x, y)에 대하여 $x+y$의 최댓값을 M이라 할 때, M^2의 값을 구하시오. [3점]

03 아래 그림과 같이 포물선 $y^2=12x$의 초점 F를 지나는 직선 l과 이 포물선이 만나는 두 점을 A, B 라 하자.

$\overline{AF} : \overline{BF} = 4 : 1$일 때 직선 l의 방정식은 $ax+by=12$이다. 이때, 상수 a, b에 대하여 $a-b$의 값은? [3점]

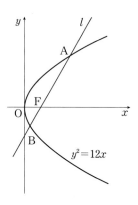

① 4   ② 5   ③ 6   ④ 7   ⑤ 8

04 오른쪽 그림과 같이 y축 위의 점 P에서 원 $x^2+(y+k)^2=5$에 그은 두 접선이 쌍곡선

$$\frac{x^2}{9}-\frac{y^2}{16}=1$$

과 만나는 교점을 각각 A, B와 C, D라 한다.

$\overline{AB}=10$일 때, $\overline{AB}$와 x축과의 교점 F(5, 0)에 대하여 $\overline{CF}+\overline{DF}$의 값을 구하시오. [3점]

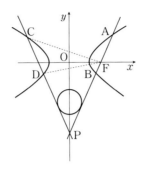

05 오른쪽 그림과 같이 편평한 땅에 거리가 10m 떨어진 두 개의 말뚝이 있다. 두 개의 말뚝에 길이가 14m인 끈을 묶고 이 끈을 팽팽하게 유지하면서 곡선을 그렸다. 두 말뚝을 지나면서 이 곡선에 접하는 직사각형 모양의 꽃밭을 만들었을 때, 이 꽃밭의 넓이는? [3점]

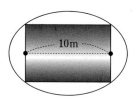

① $\dfrac{400}{7}\,\mathrm{m}^2$　　② $\dfrac{420}{7}\,\mathrm{m}^2$　　③ $\dfrac{440}{7}\,\mathrm{m}^2$　　④ $\dfrac{460}{7}\,\mathrm{m}^2$　　⑤ $\dfrac{480}{7}\,\mathrm{m}^2$

06 그림과 같이 서로 합동인 두 타원 C_1, C_2가 외접하고 있다. 두 점 A, B는 타원 C_1의 초점, 두 점 C, D는 타원 C_2의 초점이고, 네 점 A, B, C, D는 모두 한 직선 위에 있다. 두 점 B, C를 초점, 선분 AD를 장축으로 하는 타원을 C_3이라 하고, 두 타원 C_1, C_3의 교점을 P라 하자. $\overline{AB}=8$이고 $\overline{BC}=6$일 때, $\overline{CP}-\overline{AP}$의 값은? [4점]

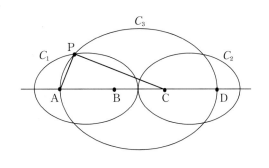

① 7   ② 8   ③ 9   ④ 10   ⑤ 11

07 좌표평면에서 포물선 $y^2=4px(p>0)$의 초점을 F, 준선을 l이라 하자. 점 F를 지나고 x축에 수직인 직선과 포물선이 만나는 점 중 제1사분면에 있는 점을 P라 하자. 또, 제1사분면에 있는 포물선 위의 점 Q에 대하여 두 직선 QP, QF가 준선 l과 만나는 점을 각각 R, S라 하자. $\overline{PF}:\overline{QF}=2:5$일 때,

$\dfrac{\overline{QF}}{\overline{FS}}$ 의 값은? [3점]

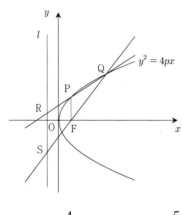

① $\dfrac{5}{3}$ ② $\dfrac{3}{2}$ ③ $\dfrac{4}{3}$ ④ $\dfrac{5}{4}$ ⑤ $\dfrac{6}{5}$

08 좌표평면에서 타원 $\dfrac{x^2}{25} + \dfrac{y^2}{16} = 1$ 위의 점

P$\left(3, \dfrac{16}{5}\right)$에서의 접선을 l이라 하자. 타원의 두 초점 F, F′과 직선 l 사이의 거리를 각각 d, d'

이라 할 때, $d\,d'$의 값을 구하시오. [3점]

09 포물선 $y^2=8x$의 초점 F를 지나는 직선이 포물선과 만나는 두 점을 A, B라 하자. $\overline{AF}:\overline{BF}=3:1$일 때, 선분 AB의 길이는? [3점]

① $\dfrac{26}{3}$ ② $\dfrac{28}{3}$ ③ 10   ④ $\dfrac{32}{3}$ ⑤ $\dfrac{34}{3}$

수학 영역(기하)

이차곡선

10 타원 $2x^2+y^2=16$의 두 초점을 F, F′이라 하자. 이 타원 위의 점 P에 대하여 $\dfrac{\overline{PF'}}{\overline{PF}}=3$일 때, $\overline{PF}\times\overline{PF'}$의 값을 구하시오. [3점]

11 두 초점 F, F′을 공유하는 타원

$$\frac{x^2}{a} + \frac{y^2}{16} = 1 \text{과 쌍곡선 } \frac{x^2}{4} - \frac{y^2}{5} = 1$$

이 있다.

타원과 쌍곡선이 만나는 점 중 하나를 P라 할 때, $\left| \overline{\text{PF}}^2 - \overline{\text{PF}'}^2 \right|$ 의 값을 구하시오.

(단, a는 양수이다.) [3점]

12 쌍곡선 $x^2 - \dfrac{y^2}{3} = 1$ 위의 제1사분면에 있는 점 P에서의 접선의 x절편이 $\dfrac{1}{3}$이다. 쌍곡선 $x^2 - \dfrac{y^2}{3} = 1$의 두 초점 중 x좌표가 양수인 점을 F라 할 때, 선분 PF의 길이는? [3점]

① 5   ② $\dfrac{16}{3}$ ③ $\dfrac{17}{3}$ ④ 6   ⑤ $\dfrac{19}{3}$

13 그림과 같이 포물선 $y^2 = 16x$의 초점을 F라 하자. 점 F를 한 초점으로 하고 점 $A(-2, 0)$을 지나며 다른 초점 F'이 선분 AF 위에 있는 타원 E가 있다. 포물선 $y^2 = 16x$가 타원 E와 제1사분면에서 만나는 점을 B라 하자. $\overline{BF} = \dfrac{21}{5}$ 일 때, 타원 E의 장축의 길이는 k이다. $10k$의 값을 구하시오. [4점]

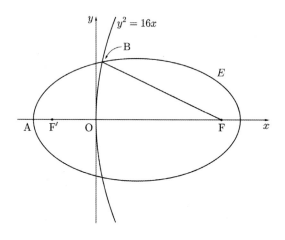

14 타원 $\dfrac{x^2}{16} + \dfrac{y^2}{9} = 1$과 두 점 A(4, 0), B(0, -3)이 있다. 이 타원 위의 점 P에 대하여 삼각형 ABP의 넓이가 k가 되도록 하는 점 P의 개수가 3일 때, 상수 k의 값은? [3점]

① $3\sqrt{2} - 3$ ② $6\sqrt{2} - 7$ ③ $3\sqrt{2} - 2$ ④ $6\sqrt{2} - 6$ ⑤ $6\sqrt{2} - 5$

15 그림과 같이 두 초점이 F, F′인 쌍곡선 $ax^2-4y^2=a$ 위의 점 중 제1사분면에 있는 점 P와 선분 PF′ 위의 점 Q에 대하여 삼각형 PQF는 한 변의 길이가 $\sqrt{6}-1$인 정삼각형이다. 상수 a 의 값은? (단, 점 F의 x좌표는 양수이다.) [3점]

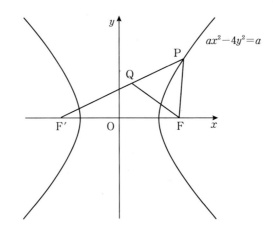

① $\dfrac{9}{2}$　　　　② 5　　　　③ $\dfrac{11}{2}$　　　　④ 6　　　　⑤ $\dfrac{13}{2}$

16 점 F를 초점으로 하고 직선 l을 준선으로 하는 포물선이 있다. 포물선 위의 두 점 A, B와 점 F를 지나는 직선이 직선 l과 만나는 점을 C라 하자. 두 점 A, B에서 직선 l에 내린 수선의 발을 각각 H, I라 하고 점 B에서 직선 AH에 내린 수선의 발을 J라 하자.

$\dfrac{\overline{\text{BJ}}}{\overline{\text{BI}}} = \dfrac{2\sqrt{15}}{3}$ 이고 $\overline{\text{AB}} = 8\sqrt{5}$ 일 때, 선분 HC의 길이는? [4점]

① $21\sqrt{3}$ ② $22\sqrt{3}$ ③ $23\sqrt{3}$ ④ $24\sqrt{3}$ ⑤ $25\sqrt{3}$

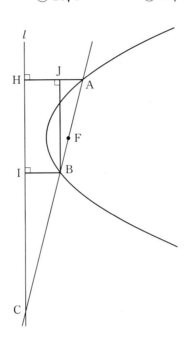

수학 영역(선택)

01 그림과 같이 반지름의 길이가 6인 반구가 평평한 지면 위에 떠 있다. 반구의 밑면이 지면과 평행하고 태양광선이 지면과 $60°$의 각을 이룰 때, 지면에 나타나는 반구의 그림자의 넓이는? (단, 태양광선은 평행하게 비춘다.) [4점]

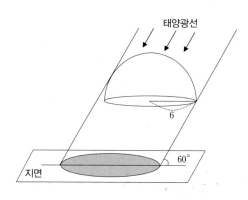

① $6(3+\sqrt{3}\,)\pi$ ② $6(3+2\sqrt{3}\,)\pi$ ③ $8(2+\sqrt{3}\,)\pi$

④ $8(1+2\sqrt{3}\,)\pi$ ⑤ $8(2+3\sqrt{3}\,)\pi$

02 그림과 같은 $\overline{AD}=1$, $\overline{AB}=\sqrt{6}$, $\angle ADB=90°$인 평행사변형 ABCD에서 $\overrightarrow{AD}=\vec{a}$, $\overrightarrow{AB}=\vec{b}$라 놓는다. 꼭짓점 D에서 선분 AC에 내린 수선의 발을 E라 할 때, 벡터 $\overrightarrow{AE}=k(\vec{a}+\vec{b})$를 만족시키는 실수 k가 존재한다. $90k$의 값은? [4점]

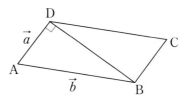

① $\dfrac{1}{6}$　　② $\dfrac{2}{9}$　　③ $\dfrac{5}{18}$　　④ $\dfrac{1}{3}$　　⑤ $\dfrac{\sqrt{6}}{6}$

03

좌표공간에 네 점 A(0, 1, 0), B(1, 1, 0), C(1, 0, 0), D(0, 0, 1)이 있다. 그림과 같이 점 P는 원점 O에서 출발하여 사각형 OABC의 둘레를 O→A→B→C→O→A→B→⋯의 방향으로 움직이며, 점 Q는 원점 O에서 출발하여 삼각형 OAD의 둘레를 O→A→D→O→A→D→⋯의 방향으로 움직인다. 두 점 P, Q가 원점 O에서 동시에 출발하여 각각 매초 1의 일정한 속력으로 움직인다고 할 때, 옳은 것만을 [보기]에서 있는 대로 고른 것은? [4점]

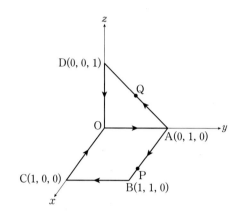

──── 보 기 ────

ㄱ. 두 점 P, Q가 출발 후 원점에서 다시 만나는 경우는 없다.

ㄴ. 출발 후 4초가 되는 순간 두 점 P, Q 사이의 거리는 $\dfrac{\sqrt{2}}{2}$ 이다.

ㄷ. 출발 후 2초가 되는 순간 두 점 P, Q 사이의 거리는 $\sqrt{2}$ 이다.

① ㄱ　　　② ㄴ　　　③ ㄱ, ㄴ　　　④ ㄱ, ㄷ　　　⑤ ㄴ, ㄷ

04 한 모서리의 길이가 1인 정육면체ABCD−EFGH를 다음 두 조건을 만족시키도록 좌표공간에 놓는다.

> (가) 꼭짓점 A는 원점에 놓이도록 한다.
>
> (나) 꼭짓점 G는 y축 위에 놓이도록 한다.

위의 조건을 만족시키는 상태에서 이 정육면체를 y축의 둘레로 회전시킬 때, 점 B가 그리는 도형은 점 $(0, a, 0)$을 중심으로 하고 반지름의 길이가 r인 원이다. 이때, a, r의 곱 ar의 값은? (단, 점 G의 y좌표는 양수이다.) [4점]

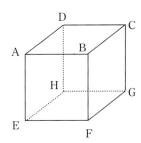

① $\dfrac{1}{6}$ ② $\dfrac{\sqrt{2}}{6}$ ③ $\dfrac{1}{3}$ ④ $\dfrac{\sqrt{2}}{3}$ ⑤ $\dfrac{\sqrt{3}}{3}$

05 그림과 같은 정육면체 ABCD$-$EFGH에서 네 모서리 AD, CD, EF, EH의 중점을 각각 P, Q, R, S라 하고, 두 선분 RS와 EG의 교점을 M이라 하자. 평면 PMQ와 평면 EFGH가 이루는 예각의 크기를 θ라 할 때, $\tan^2\theta + \dfrac{1}{\cos^2\theta}$의 값은? [4점]

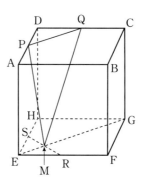

06 그림은 어떤 사면체의 전개도이다.

삼각형 BEC는 한 변의 길이가 2인 정삼각형이고, $\angle ABC = \angle CFA = 90°$, $\overline{AC} = 4$이다. 이 전개도로 사면체를 만들 때, 두 면 ACF, ABC가 이루는 예각의 크기를 θ라 하자. $\cos\theta$의 값은? [4점]

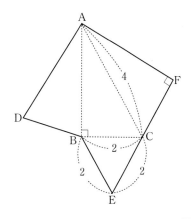

① $\dfrac{1}{6}$ ② $\dfrac{\sqrt{2}}{6}$ ③ $\dfrac{1}{4}$ ④ $\dfrac{\sqrt{3}}{6}$ ⑤ $\dfrac{1}{3}$

07 좌표공간에서 구

$$(x-6)^2+(y+1)^2+(z-5)^2=16$$

위의 점 P와 yz평면 위에 있는 원

$$(y-2)^2+(z-1)^2=9$$

위의 점 Q 사이의 거리의 최댓값을 구하시오. [4점]

08 한 변의 길이가 8인 정사각형을 밑면으로 하고 높이가 $4+4\sqrt{3}$ 인 직육면체 ABCD-EFGH 가 있다. 그림과 같이 이 직육면체의 바닥에 $\angle$EPF$=90°$인 삼각기둥 EFP-HGQ가 놓여있고 그 위에 구를 삼각기둥과 한 점에서 만나도록 올려놓았더니 이 구가 밑면 ABCD와 직육면체의 네 옆면에 모두 접하였다. 태양광선이 밑면과 수직인 방향으로 구를 비출 때, 삼각기둥의 두 옆면 PFGQ, EPQH에 생기는 구의 그림자의 넓이를 각각 S_1, $S_2(S_1>S_2)$라 하자. $S_1+\dfrac{1}{\sqrt{3}}S_2$의 값은? [4점]

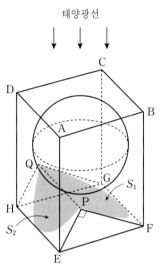

① $\dfrac{20\sqrt{3}}{3}\pi$ ② $8\sqrt{3}\pi$ ③ $\dfrac{28\sqrt{3}}{3}\pi$ ④ $\dfrac{32\sqrt{3}}{3}\pi$ ⑤ $12\sqrt{3}\pi$

09 좌표공간의 두 점 $A(1, 2, -1)$, $B(3, 1, -2)$에 대하여 선분 AB를 $2:1$로 외분하는 점의 좌표는? [3점]

① $(5, 0, -3)$ ② $(5, 3, -4)$ ③ $(4, 0, -3)$

④ $(4, 3, -3)$ ⑤ $(3, 0, -4)$

10 세 벡터 $\vec{a}=(x,\,3)$, $\vec{b}=(1,\,y)$, $\vec{c}=(-3,\,5)$가 $2\vec{a}=\vec{b}-\vec{c}$를 만족시킬 때, $x+y$의 값은? [2점]

① 11　　　　② 12　　　　③ 13　　　　④ 14　　　　⑤ 15

11 좌표공간의 두 점 $A(0, 2, -3)$, $B(6, -4, 15)$에 대하여 선분 AB 위에 점 C가 있다. 세 점 A, B, C에서 xy평면에 내린 수선의 발을 각각 A′, B′, C′이라 하자. $2\overline{A'C'} = \overline{C'B'}$일 때, 점 C의 z좌표는? [3점]

① -5 ② -3 ③ -1 ④ 1 ⑤ 3

12 좌표공간에서 중심이 $A(a, -3, 4)$ $(a>0)$인 구 S가 x축과 한 점에서만 만나고 $\overline{OA}=3\sqrt{3}$ 일 때, 구 S가 z축과 만나는 두 점 사이의 거리는? (단, O는 원점이다.) [3점]

① $3\sqrt{6}$ ② $2\sqrt{14}$ ③ $\sqrt{58}$ ④ $2\sqrt{15}$ ⑤ $\sqrt{62}$

13 그림과 같이 한 변의 길이가 4인 정삼각형 ABC에 대하여 점 A를 지나고 직선 BC에 평행한 직선을 l이라 할 때, 세 직선 AC, BC, l에 모두 접하는 원을 O라 하자. 원 O 위의 점 P에 대하여 $|\overrightarrow{AC}+\overrightarrow{BP}|$ 의 최댓값을 M, 최솟값을 m이라 할 때, Mm의 값은? (단, 원 O의 중심은 삼각형 ABC의 외부에 있다.) [3점]

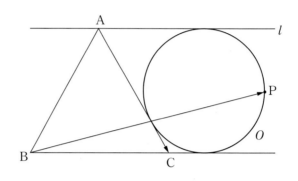

① 46   ② 47   ③ 48   ④ 49   ⑤ 50

14 [그림 1]과 같이 $\overline{AB}=3$, $\overline{AD}=2\sqrt{7}$ 인 직사각형 ABCD 모양의 종이가 있다. 선분 AD의 중점을 M이라 하자. 두 선분 BM, CM을 접는 선으로 하여 [그림 2]와 같이 두 점 A, D가 한 점 P에서 만나도록 종이를 접었을 때, 평면 PBM과 평면 BCM이 이루는 각의 크기를 θ라 하자. $\cos\theta$의 값은? (단, 종이의 두께는 고려하지 않는다.) [4점]

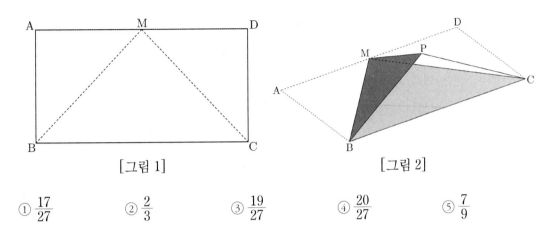

[그림 1] [그림 2]

① $\dfrac{17}{27}$ ② $\dfrac{2}{3}$ ③ $\dfrac{19}{27}$ ④ $\dfrac{20}{27}$ ⑤ $\dfrac{7}{9}$

15 좌표평면 위의 두 점 $A(6, 0)$, $B(6, 5)$와 음이 아닌 실수 k에 대하여 두 점 P, Q가 다음 조건을 만족시킨다.

> (가) $\overrightarrow{OP} = k(\overrightarrow{OA} + \overrightarrow{OB})$이고 $\overrightarrow{OP} \cdot \overrightarrow{OA} \leq 21$이다.
>
> (나) $|\overrightarrow{AQ}| = |\overrightarrow{AB}|$이고 $\overrightarrow{OQ} \cdot \overrightarrow{OA} \leq 21$이다.

$\overrightarrow{OX} = \overrightarrow{OP} + \overrightarrow{OQ}$를 만족시키는 점 X가 나타내는 도형의 넓이는 $\dfrac{q}{p}\sqrt{3}$ 이다. $p+q$의 값을 구하시오. (단, O는 원점이고, p와 q는 서로소인 자연수이다.) [4점]

16 좌표공간에서 점 P(2, 1, 3)을 x축에 대하여 대칭이동한 점 Q에 대하여 선분 PQ의 길이는?

[2점]

① $2\sqrt{10}$　② $2\sqrt{11}$　③ $4\sqrt{3}$　④ $2\sqrt{13}$　⑤ $2\sqrt{14}$

17 그림과 같이 평면 α 위에 $\angle BAC = \dfrac{\pi}{2}$이고 $\overline{AB}=1$, $\overline{AC}=\sqrt{3}$인 직각삼각형 ABC가 있다. 점 A를 지나고 평면 α에 수직인 직선 위의 점 P에 대하여 $\overline{PA}=2$일 때, 점 P와 직선 BC 사이의 거리는? [3점]

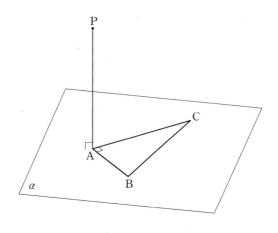

① $\dfrac{\sqrt{17}}{2}$ ② $\dfrac{\sqrt{70}}{4}$ ③ $\dfrac{3\sqrt{2}}{2}$ ④ $\dfrac{\sqrt{74}}{4}$ ⑤ $\dfrac{\sqrt{19}}{2}$

18 그림과 같이 정삼각형 ABC에서 선분 BC의 중점을 M이라 하고, 직선 AM이 정삼각형 ABC의 외접원과 만나는 점 중 A가 아닌 점을 D라 하자. $\overrightarrow{AD}=m\overrightarrow{AB}+n\overrightarrow{AC}$일 때, $m+n$의 값은? (단, m, n은 상수이다.) [3점]

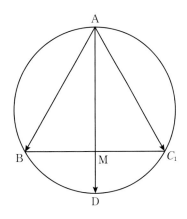

① $\dfrac{7}{6}$ 　　② $\dfrac{5}{4}$ 　　③ $\dfrac{4}{3}$ 　　④ $\dfrac{17}{12}$ 　　⑤ $\dfrac{3}{2}$

19 좌표공간에 점 $(4, 3, 2)$를 중심으로 하고 원점을 지나는 구

$$S : (x-4)^2+(y-3)^2+(z-2)^2=29$$

가 있다. 구 S 위의 점 $P(a, b, 7)$에 대하여 직선 OP를 포함하는 평면 a가 구 S와 만나서 생기는 원을 C라 하자. 평면 a와 원 C가 다음 조건을 만족시킨다.

(가) 직선 OP와 xy평면이 이루는 각의 크기와 평면 a와 xy평면이 이루는 각의 크기는 같다.

(나) 선분 OP는 원 C의 지름이다.

$a^2+b^2<25$일 때, 원 C의 xy평면 위로의 정사영의 넓이는 $k\pi$이다. $8k^2$의 값을 구하시오. (단, O는 원점이다.) [4점]

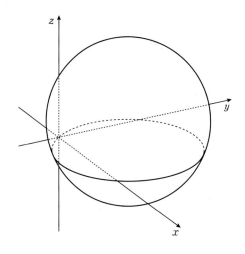

20 좌표평면 위의 세 점 A$(6, 0)$, B$(2, 6)$, C$(k, -2k)$ $(k>0)$과 삼각형 ABC의 내부 또는 변 위의 점 P가 다음 조건을 만족시킨다.

(가) $5\overrightarrow{BA} \cdot \overrightarrow{OP} - \overrightarrow{OB} \cdot \overrightarrow{AP} = \overrightarrow{OA} \cdot \overrightarrow{OB}$

(나) 점 P가 나타내는 도형의 길이는 $\sqrt{5}$ 이다.

$\overrightarrow{OA} \cdot \overrightarrow{CP}$의 최댓값을 구하시오. (단, O는 원점이다.) [4점]

PART Ⅱ

사다리
기출문제 총정리
정답과 해설

수학 영역

공통 과목: 수학 1, 수학 2 정답

수학 1	지수와 로그	01 ⑤	02 ②	03 16	04 ⑤	05 ⑤
		06 ①	07 ⑤	08 ②	09 ③	10 256
		11 ②	12 ③	13 ③	14 ②	15 19
		16 10	17 ③	18 9	19 ③	20 ⑤
		21 ①	22 ⑤	23 973	24 ③	25 ②
		26 ②	27 16	28 ③	29 ③	30 ④
		31 8				
	삼각 함수	01 ②	02 ①	03 ④	04 ⑤	05 ④
		06 ⑤	07 ③	08 ①	09 ④	10 ②
		11 ④	12 12	13 27	14 ①	15 ④
	수열	01 ①	02 ③	03 ①	04 18	05 12
		06 120	07 195	08 191	09 ⑤	10 17
		11 282	12 ①	13 ⑤	14 ⑤	15 ①
		16 ⑤	17 ④	18 ④	19 ③	20 ①
		21 ⑤	22 ⑤	23 64	24 35	
수학 2	극한	01 ①	02 65	03 ⑤	04 21	05 11
		06 ⑤	07 ②	08 ⑤	09 ③	10 ①
		11 ④	12 16	13 ⑤	14 ①	15 ①
		16 ④	17 ①			
	미분	01 ⑤	02 ⑤	03 ③	04 ③	05 ⑤
		06 ①	07 ④	08 ④	09 ④	10 ⑤
		11 25	12 ⑤	13 ⑤	14 ②	15 30
		16 ⑤	17 ③	18 ④	19 18	20 9
		21 ②	22 ⑤	23 ②	24 ②	25 6
	적분	01 28	02 ②	03 ⑤	04 ⑤	05 29
		06 ⑤	07 250	08 ④	09 ①	10 17
		11 ④	12 21	13 ⑤	14 ②	15 290
		16 56	17 ②	18 10	19 14	20 11

지수와 로그

01
정답 ⑤

$a^2 \cdot \sqrt[5]{b}=1$의 양변을 5제곱하면

$a^{10}b=1$, $a^{10}=\dfrac{1}{b}$

$\therefore \log_a\dfrac{1}{b}=10$

$\therefore \log_a\dfrac{1}{ab}=-1+\log_a\dfrac{1}{b}=9$

02
정답 ②

ㄱ) $a>1$이고, $0<\log_a c<1$이므로 $1<c<a$를 만족시킨다.

따라서 부등식의 각 변에 밑이 b인 로그를 취하면

$\log_b c<\log_b a$를 만족한다.

ㄴ) $0<a<1$이고, $0<\log_a c<1$이므로 $a<c<1$를 만족시킨다.

$b>1$이므로 $\log_b a<\log_b c$가 성립한다.

ㄷ) $0<a<1$이고, $\log_a c<0$이므로 $c>1$이다.

그러므로 $\log_c b>\log_c b$가 성립한다.

따라서 ㄴ만 옳다.

03
정답 16

$\log_2 x=t$라 두면 주어진 방정식의 두 근은 $\log_2\alpha$, $\log_2\beta$가 된다.

$3(1-t)^2-2(1-t)-4=0$, $3t^2-4t-3=0$

이 방정식의 두 근의 합은

$\log_2\alpha+\log_2\beta=\log_2\alpha\beta=\dfrac{4}{3}$

$\therefore \alpha\beta=2^{\frac{4}{3}}$

$\therefore \alpha^3\beta^3=(\alpha\beta)^3=\left(2^{\frac{4}{3}}\right)^3=2^4=16$

04
정답 ⑤

직선 l을 $y=-x+m$이라 두면

$A(a, -a+m)$, $B(c, -c+m)$

그러므로 조건에 의해

$\overline{AB}=\sqrt{(a-c)^2+(a-c)^2}=\sqrt{2(a-c)^2}=\sqrt{2}$

$\therefore a-c=-1 \ (\because 1<a<c)$

또, 점 $A(a, b)$는 곡선 $y=\log_2 x$ 위의 점이고,

점 $B(c, d)$는 곡선 $y=\log_4(x+2)$ 위의 점이므로

$b=\log_2 a$, $d=\log_4(c+2)$이다.

직선 AB의 기울기가 -1이므로

$\dfrac{\log_2 a-\log_4(c+2)}{a-c}=-1$

$\log_2 a-\dfrac{1}{2}\log_2(c+2)=1 \ (\because a-c=-1)$

$2\log_2 a-\log_2(c+2)=2$, $\log_2\dfrac{a^2}{c+2}=2$

$a^2=4(c+2)$

$a^2-4a-12=(a-6)(a+2)=0 \ (\because c=a+1)$

$\therefore a=6 \ (\because 1<a)$

따라서 $a+c=6+7=13$이다.

05

정답 ⑤

$f(x)=3^{x+1}-2$

ㄱ. $b=3^{a+1}-2$이므로 $b+2=3^{a+1}$, $a+1=\log_3(b+2)$이므로
　$a=\log_3(b+2)-1$ (참)

ㄴ. $3^{x+1}-2=3^x$에서 $3^x=t>0$라 두면 $t=3t-2$, $t=1$이므로
　$x=0$에서 한번 만난다.
　cf) $y=3^x$과 $y=f(x)$의 그래프를 그려 확인할 수도 있다. (참)

ㄷ. $3^x=t>0$라 두면 $3t-2<t$에서
　$t<1$이므로 $x<0$이다. (참)

06

정답 ①

$\left(\dfrac{1}{3}\right)^a=2a$는 $y=\left(\dfrac{1}{3}\right)^x$와 $y=2x$와의 교점이 $(a, 2a)$임을 의미하고,

$\left(\dfrac{1}{3}\right)^{2b}=b$는 $y=\left(\dfrac{1}{3}\right)^x$와 $y=\dfrac{1}{2}x$의 교점이 $(2b, b)$임을 의미하고,

$\left(\dfrac{1}{2}\right)^{2c}=c$는 $y=\left(\dfrac{1}{2}\right)^x$와 $y=\dfrac{1}{2}x$의 교점이 $(2c, c)$임을 의미한다.

이를 그래프에 나타내면 아래 그림과 같다.

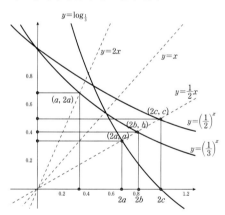

이때, $(a, 2a)$를 $y=x$에 대해 대칭하면 $y=\log_{\frac{1}{3}}x$와 $y=\dfrac{1}{2}x$의 교점이 $(2a, a)$가 되므로 대소관계는 그래프에서와 같이 $a<b<c$이다.

$\therefore a<b<c$

07

정답 ⑤

$x^2-2x=1$이거나 $x^2-2x=-1$일 때, x^2+6x+5가 $2k(k$는 정수) 꼴이거나 $x^2-2x\neq0$이고 $x^2+6x+5=0$이면 된다.

(i) $x^2-2x=1$에서 $x^2-2x-1=0$
　$\therefore x=1\pm\sqrt{2}$

(ii) $x^2-2x=-1$일 때, $(x-1)^2=0$에서 $x=1$
　$x=1$일 때, $x^2+6x+5=12$(짝수)이므로
　$x=1$은 주어진 식을 만족한다.

(iii) $x^2+6x+5=0$ 즉, $(x+1)(x+5)=0$에서
　$x=-1$ 또는 $x=-5$
　위의 값은 밑 x^2-2x를 0으로 하지 않으므로 주어진 식을 만족한다.

(i), (ii), (iii)에서 구하는 실수 x의 개수는 5이다.

08

정답 ②

$2^{2x}=t(>0)$이라 하면 부등식 $2^{4x}+a\cdot2^{2x-1}+10>\dfrac{3}{4}a$은

$t^2+\dfrac{a}{2}t+10-\dfrac{3}{4}a>0$이고 $t>0$인 모든 실수 t에 대하여 부등식이 성립하면 된다.

$f(t)=t^2+\dfrac{a}{2}t+10-\dfrac{3}{4}a$라 하면 대칭축이 $t=-\dfrac{a}{4}$로 음수이므로

$f(0)\geq0$이면 부등식이 성립한다. 즉

$f(0)=10-\dfrac{3}{4}a\geq0$　$\therefore a\leq\dfrac{40}{3}$

따라서 조건을 만족하는 자연수 a의 최댓값은 13이다.

09

정답 ③

점 B의 x좌표를 k라 하면,

$\log_a k:\log_b k=2:1$이므로 $b=a^2$

즉, $AP=\dfrac{1}{3}$, $CQ=QD=\dfrac{2}{3}$

$\square PAQC=\dfrac{\dfrac{1}{3}+\dfrac{2}{3}}{2}\times\overline{BD}=1$　$\therefore \overline{BD}=2$

$a^{\frac{4}{3}}-a^{\frac{2}{3}}=2$, $a^{\frac{2}{3}}=2$

$\therefore ab=a^3=2^{\frac{9}{2}}=16\sqrt{2}$

10

정답 256

$0<\alpha<1$에서 $\dfrac{1}{2}<1-\alpha=\dfrac{1}{2}<\log_4 n<1$이므로 $2<n<4$

$\therefore n=3$

즉, $\log_4 3=1-\alpha$, $\alpha=1-\log_4 3$이므로

$\alpha=\log_4\dfrac{4}{3}$

따라서 $\log_2 m^2=3+\log_4\dfrac{4}{3}$, $\log_4 m^4=\log_4\dfrac{4^4}{3}$, $m^4=\dfrac{4^4}{3}$이므로

$3m^4=4^4=256$

11 정답 ②

$\sqrt{15}\,x^{\log_{15}x}=x^2$의 양변에 밑이 15인 로그를 취하면

$\log_{15}\sqrt{15}+(\log_{15}x)^2=\log_{15}x^2$

$2(\log_{15}x)^2-4\log_{15}x+1=0$ ······ ㉠

$\log x=t$라 두면, t에 대한 이차방정식이고 서로 다른 두 실근을 갖는다.

만족하는 x값을 α, β라 하면 $\log_{15}\alpha$, $\log_{15}\beta$는 방정식 ㉠의 두 실근이므로 근과 계수와의 관계에서

$\log_{15}\alpha+\log_{15}\beta=\dfrac{4}{2}=2$ 즉, $\log_{15}\alpha\beta=2$

$\therefore\ \alpha\beta=15^2$

12 정답 ③

$\log_3 x=X$, $\log_2 y=Y$라 하면 주어진 연립방정식은

$\log_3 x+\log_2\dfrac{1}{y}=1$ 이므로

$X-Y=1$ ······ ㉠

$\log_9 3x+\log_{\frac{1}{2}}y=\dfrac{1}{2}(1+\log_3 x)-\log_2 y=1-\dfrac{k}{2}$

$\therefore\ X-2Y=1-k$ ······ ㉡

㉠, ㉡을 연립하면 $X=k+1$, $Y=k$

따라서 $\log_3\alpha=k+1$, $\log_2\beta=k$에서

$\alpha=3^{k+1}$, $\beta=2^k$

$\alpha\le\beta$이므로 $3^{k+1}\le 2^k$ $\therefore\ 3\le\left(\dfrac{2}{3}\right)^k$

$\left(\dfrac{2}{3}\right)^{-1}=\dfrac{3}{2}<3$, $\left(\dfrac{2}{3}\right)^{-2}=\dfrac{9}{4}<3$, $\left(\dfrac{2}{3}\right)^{-3}=\dfrac{27}{8}>3$

이므로 $\alpha\le\beta$를 만족하는 정수 k의 최댓값은 -3이다.

13 정답 ③

두 점 A와 C의 y좌표가 일치하므로 $a^{\frac{b}{4}}=b^b$

$\therefore\ a^{\frac{1}{4}}=b\ (\because\ b\neq 0)$ ······ ㉠

또 두 점 B와 D의 y좌표가 일치하므로

$a^a=b$ ······ ㉡

㉠, ㉡에서 $a^a=a^{\frac{1}{4}}$

$a\neq 1$이므로 $a=\dfrac{1}{4}$ ······ ㉢

㉢을 ㉠에 대입하면 $b=\left(\dfrac{1}{4}\right)^{\frac{1}{4}}=\dfrac{1}{\sqrt{2}}$

$\therefore\ a^2+b^2=\left(\dfrac{1}{4}\right)^2+\left(\dfrac{1}{\sqrt{2}}\right)^2=\dfrac{1}{16}+\dfrac{1}{2}$

$\qquad\qquad =\dfrac{9}{16}$

14 정답 ②

$\log_{25}(a-b)=\log_9 a=\log_{15}b=k$라 하면

$a-b=25^k=5^{2k}$ ······ ㉠

$a=9^k=3^{2k}$ ······ ㉡

$b=15^k=3^k\cdot 5^k$ ······ ㉢

㉠×㉡$=$㉢^{2}이 성립하므로

$(a-b)a=b^2$

즉, $b^2+ab-a^2=0$

$a>0$이므로 위 식의 양변을 a^2으로 나누면

$\left(\dfrac{b}{a}\right)^2+\dfrac{b}{a}-1=0$

$\therefore\ \dfrac{b}{a}=\dfrac{-1\pm\sqrt{5}}{2}$

그런데 $a>0$, $b>0$이므로 $\dfrac{b}{a}>0$이다.

$\therefore\ \dfrac{b}{a}=\dfrac{-1+\sqrt{5}}{2}$

15 정답 19

$3^x=t(t>0)$라 할 때, 주어진 방정식은

$t^2-2(a+4)t-3a^2+24a=0$ ······ ㉠

x가 양수일 때, $t>1$이므로 방정식 ㉠의 서로 다른 해는 모두 1보다 커야 한다.

따라서 방정식 ㉠의 판별식을 D라 할 때 $D>0$이고,

$f(t)=t^2-2(a+4)t-3a^2+24a$라 할 때

$f(1)>0$, 이차함수 $f(t)$의 축 $t=a+4>1$이어야 한다.

(ⅰ) $D=(a+4)^2-(-3a^2+24a)>0$에서 $4a^2-16a+16>0$

　　$4(a-2)^2>0$

　　따라서 $a\neq 2$인 모든 실수 a에 대하여 위 부등식이 성립한다.

(ⅱ) $f(1)=1-2(a+4)-3a^2+24a>0$에서

　　$3a^2-22a+7<0$

　　$(3a-1)(a-7)<0$

　　$\therefore\ \dfrac{1}{3}<a<7$

(ⅲ) $a+4>1$에서 $a>-3$

(ⅰ), (ⅱ), (ⅲ)에서 $\dfrac{1}{3}<a<7$; $a\neq 2$

따라서 정수 a는 1, 3, 4, 5, 6이므로 구하는 합은

$1+3+4+5+6=19$

16
정답 10

$\log_2(3x^2+7x)$에서 진수조건에 의해

$x<-\dfrac{7}{3}$ 또는 $x>0$ …… ㉠

$\log_2(x+1)$에서 진수조건에 의해

$x>-1$ …… ㉡

㉠, ㉡에서 $x>0$이다.

$\log_2(3x^2+7x)=1+\log_2(x+1)$에서

$\log_2(3x^2+7x)=\log_2 2(x+1)$

$3x^2+7x=2(x+1)$

$(3x-1)(x+2)=0$

$\therefore x=\dfrac{1}{3}$ ($\because x>0$)

따라서 $p=3$, $q=1$이므로

$p^2+q^2=10$

17
정답 ③

$\log_2 x=X$, $\log_3 y=Y$라 하면

$4(\log_2 x)(\log_3 y)=4XY=3$ …… ㉠이고

$\log_x y=\log_3 8$에서 $\dfrac{\log_3 y}{\log_3 x}=3\log_3 2$

$\log_3 y=3\log_3 2\cdot\log_3 x$

$\qquad =3\log_3 2\cdot\dfrac{\log_2 x}{\log_2 3}$

$\qquad =3(\log_3 2)^2\cdot\log_2 x=3(\log_3 2)^2 X=Y$ …… ㉡

㉡을 ㉠에 대입하면

$12(\log_3 2)^2 X^2=3$

$X^2=(\log_2 x)^2=\dfrac{1}{4(\log_3 2)^2}=\left(\dfrac{\log_2 3}{2}\right)^2$

위의 방정식의 해 $\alpha>1$이므로 $\log_2\alpha>0$이다.

$\therefore \log_2 x=\dfrac{\log_2 3}{2}=\log_2\sqrt{3}$

따라서 $x=\sqrt{3}$, 즉 $\alpha=\sqrt{3}$ 이다.

$x=\sqrt{3}$ 을 ㉡에 대입하면

$\log_3 y=3(\log_3 2)^2\cdot\log_2\sqrt{3}$

$\qquad =\dfrac{3}{2}\log_3 2=\log_3 2\sqrt{2}$

따라서 $y=2\sqrt{2}$, 즉 $\beta=2\sqrt{2}$ 이다.

$\therefore \alpha\beta=\sqrt{3}\times 2\sqrt{2}=2\sqrt{6}$

18
정답 9

$\log_m 2=\dfrac{n}{100}$ 에서 $2=m^{\frac{n}{100}}$ 이므로 $2^{100}=m^n$

따라서 n은 100의 양의 약수이다.

즉, 가능한 n의 개수는 9개이므로

$(2^{100})^1$, $(2^{50})^2$, $(2^{25})^4$, $(2^{20})^5$, $(2^{10})^{10}$, $(2^5)^{20}$, $(2^4)^{25}$, $(2^2)^{50}$, 2^{100}

과 같이 자연수의 순서쌍 (m, n)은 모두 9개이다.

19
정답 ③

주어진 세개의 식을 더해 3으로 나누면

$\log_{ab}3+\log_{bc}3+\log_{ca}3=5$ …… ㉠

㉠과 세 식을 연립하여 풀면

$\log_{ab}3=2$, $\log_{bc}3=1$, $\log_{ca}3=2$이다.

따라서 $ab=\sqrt{3}$, $bc=3$, $ca=\sqrt{3}$ 이므로

$\therefore abc=3$

20
정답 ⑤

$y=\log_3 9x=2+\log_3 x$이므로 $\overline{BC}=2$, $\overline{AB}=2$

따라서 A(a, b), B$(a+2, b)$이고, $b=\log_3 9a=\log_3(a+2)$

이것을 풀면 $3^b=9a=a+2$, $a=\dfrac{1}{4}$, $3^b=\dfrac{9}{4}$

$\therefore a+3^b=\dfrac{1}{4}+\dfrac{9}{4}=\dfrac{5}{2}$

21
정답 ①

$x>1$이면 $\log_x 1000>0$, $\log_{100}x^4>0$이므로

$\log_x 1000+\log_{100}x^4\geq 2\sqrt{\log_x 1000\times\log_{100}x^4}=2\sqrt{6}$

등호는 $\log_x 1000=\log_{100}x^4=\sqrt{6}$ 일 때 성립하므로

$\log_{10}a=\dfrac{\sqrt{6}}{2}$, $m=2\sqrt{6}$

$\therefore \log_{10}a^m=2\sqrt{6}\times\dfrac{\sqrt{6}}{2}=6$

22
정답 ⑤

주어진 방정식에서

$x+\sqrt{2}\,y>0$, $x-\sqrt{2}\,y>0$, $x^2-2y^2=4$

이므로 $|x|>|y|$ 이다.

$|x|=X$, $|y|=Y$라 하면 $X^2-2Y^2=4$이고

$X-Y=k$에서 $X^2-2(X-k)^2=4$, $X^2-4kX+2k^2+4=0$

$\dfrac{D}{4}=4k^2-2k^2-4=2k^2-4\geq0$, $k\geq\sqrt{2}$

$k=\sqrt{2}$ 일 때 $X=2\sqrt{2}$, $Y=\sqrt{2}$ 이다.

따라서 구하는 최솟값은 $\sqrt{2}$ 이다.

23
정답 973

$b=a^{\frac{3}{2}}$, $d=c^{\frac{3}{4}}$에서 b, d는 모두 1보다 큰 자연수이므로

a는 제곱수, c는 네제곱수이다. 즉

$a=4, 9, \cdots, 81, 100, 121, \cdots$

$c=16, 81, 256, \cdots$

이중에서 $a-c=19$인 경우는

$a=100$, $c=81$

이므로 $b=1000$, $d=27$

$\therefore b-d=973$

24
정답 ③

(준식)$=2^{\frac{6}{m}}\times3^{\frac{4}{n}}$이고, 자연수이므로, m은 6의 약수, n은 4의 약수이다.

즉, $m=2, 3, 6$ 중 하나이고 $n=2, 4$ 중 하나이므로,

$\therefore (m, n)$ 순서쌍 개수$=3\times2=6$

25
정답 ②

합이 같은 세 수로 가능한 경우는

$(\log_a2, 2\log_a2, 7\log_a2)$, $(2\log_a2, 3\log_a2, 5\log_a2)$

이므로, 세 수의 합 $=10\log_a2=15$이다.

즉, $\log_a2=\dfrac{3}{2}$이므로, $\therefore a=2^{\frac{2}{3}}$

26
정답 ②

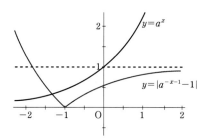

ㄱ. $a^{1-1}-1=a^0-1=0$ (참)

ㄴ. 그림과 같이 두 그래프는 $x<-1$에서 반드시 한번 만나므로, 구간 $x\geq-1$에서 두 그래프가 만나는 점의 개수를 파악하면 된다. $a=4$에서 $x>-1$일 때, 두 그래프의 방정식은 각각

$y=4^x$, $y=-4^{-x-1}+1$이다.

$4^x=-4^{-x-1}+1$에서, $4^x=t$라 두면

$t=-\dfrac{1}{4t}+1$, $4t^2-4t+1=0$이므로 $t=2$이다.

즉, $4^x=2$, $x=\log_42$인 한 점에서 만나므로, 두 그래프는 두 점에서 만난다. (참)

ㄷ. $a>4$이면, $x>-1$에서 교점의 x좌표는

$a^x=-a^{-x-1}+1$를 만족한다.

$a^x=t$로 두면, $t=-\dfrac{1}{at}+1$, $at^2-at+1=0$에서

판별식 $D=a^2-4a>0$이므로 두 점에서 만난다.

두 점의 x좌표를 각각 α, β라 하면, $at^2-at+1=0$의 해는 a^α, a^β이고, 두 근의 곱은 $a^{\alpha+\beta}=\dfrac{1}{a}$, $\alpha+\beta=-1$이다.

두 그래프는 $x<-1$에서 한번 만나고,

$x>-1$인 지점에서 두 교점의 x좌표 합이 -1이므로

모든 근의 합은 -2보다 작다. (거짓)

27
정답 16

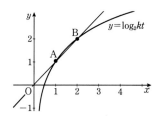

$\overline{OA}=\overline{AB}$에서, $A(t, \log_2kt)$, $B(2t, \log_22kt)$라 두자.

이 때, A의 y좌표$\times2=B$의 y좌표 이므로

$2\log_2kt=\log_22kt$,

$\qquad=1+\log_2kt$에서, $\log_2kt=1$, $\therefore kt=2$

$\log_2kt=t$에서, $2^t=kt=2$, $t=1$, $k=2$

따라서 $f(x)=\log_22x$이므로 $\log_22x=5$, $x=16$에서 $\therefore g(5)=16$

28 정답 ③

$$\frac{4}{3^{-3}(3+1)}=3^3=27$$

29 정답 ③

$B\left(-\dfrac{2}{m},\,0\right)$, $C(0,2)$이고 $\overline{AB}:\overline{AC}=2:1$이므로,

점 A의 좌표는 $\left(-\dfrac{2}{3m},\,\dfrac{4}{3}\right)$이다.

A가 곡선 위에 있는 점이므로, $\left(\dfrac{1}{3}\right)\left(\dfrac{1}{2}\right)^{x-1}=\dfrac{4}{3}$, $x=-1$

$\therefore -\dfrac{2}{3m}=-1$, $m=\dfrac{2}{3}$

30 정답 ④

$y=|\log_2(-x)|$와 $y=|\log_2(-x+8)|$은 $x=\dfrac{8+k}{2}$에서 대칭인 함수이다.

세 교점이 $x=\dfrac{8+k}{2}$에 대해 대칭이고 교점의 합이 18이므로

$x=6$에서 대칭이다.

$\therefore \dfrac{8+k}{2}=6$, $k=4$

31 정답 8

$$\frac{1}{\log_3 a}+\frac{1}{\log_3 b}=\frac{\log_3 a+\log_3 b}{\log_3 a\times\log_3 b}=\frac{\log_3 ab}{2}=4,$$

$\therefore \log_3 ab=8$

삼각함수

01 정답 ②

삼각함수의 성질을 이용하여 각을 θ로 표현하면

$f(\theta)=-\dfrac{\sin(-\theta)}{1-\sin(-\theta)}$, $g(\theta)=-\dfrac{\cos\theta}{1-\sin\theta}$

θ대신 $-\theta$를 대입한 경우에

$f(-\theta)=-\dfrac{\sin(-\theta)}{1-\sin(-\theta)}=\dfrac{\sin\theta}{1+\sin\theta}$

$g(-\theta)=-\dfrac{\cos(-\theta)}{1-\sin(-\theta)}=-\dfrac{\cos\theta}{1+\sin\theta}$

따라서

$$\text{(준식)}=\left(-\frac{\sin\theta}{1-\sin\theta}\right)\cdot\frac{\sin\theta}{1+\sin\theta}\cdot\left(\frac{-\cos\theta}{1-\sin\theta}\right)\cdot\left(\frac{-\cos\theta}{1+\sin\theta}\right)$$

$$=\left(-\frac{\sin^2\theta}{1-\sin^2\theta}\right)\cdot\frac{\cos^2\theta}{1-\sin^2\theta}=-\left(\frac{\sin\theta}{\cos\theta}\right)^2$$

$$=-\tan^2\theta$$

02 정답 ①

함수 $y=3\cos\left(2x-\dfrac{\pi}{4}\right)=3\cos 2\left(x-\dfrac{\pi}{8}\right)$이므로

$y=3\cos 2x$의 그래프를 x축의 방향으로 $\dfrac{\pi}{8}$ 만큼 평행이동한 그래프이고, 주기가 π이다.

$\dfrac{\pi}{8}$에서 α까지의 거리를 k라 두면

$\alpha=\dfrac{\pi}{8}+k$, $\beta=\dfrac{\pi}{2}+\dfrac{\pi}{8}-k$

$\gamma=\dfrac{\pi}{2}+\dfrac{\pi}{8}+k$, $\delta=\pi+\dfrac{\pi}{8}-k$

$\therefore \alpha+\beta+\gamma+\delta=2\pi+\dfrac{\pi}{2}=\dfrac{5\pi}{2}$

03 정답 ④

[그림2]에서

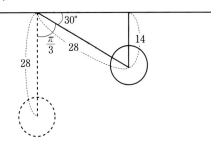

위의 그림에서 시계추의 중심이 움직인 거리는 중심각의 크기가 $\dfrac{\pi}{3}$이고, 반지름의 길이가 28인 부채꼴의 호의 길이이다.

$\therefore l=r\theta=28\times\dfrac{\pi}{3}=\dfrac{28\pi}{3}$ (cm)

04 정답 ⑤

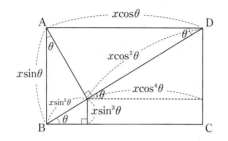

$\angle ADB = \angle DBC = \angle BAE = \angle DEG$이므로 이 각을 θ라 하고 $\overline{BD} = x$라 하면

$\overline{AB} = x\sin\theta$,

$\overline{BE} = \overline{AB}\sin\theta = x\sin^2\theta$, $\overline{EF} = \overline{BE}\sin\theta = x\sin^3\theta$

$\overline{AD} = x\cos\theta$,

$\overline{DE} = \overline{AD}\cos\theta = x\cos^2\theta$, $\overline{EG} = \overline{DE}\cos\theta = x\cos^3\theta$

$\therefore a = x\sin^3\theta$, $b = x\cos^3\theta$

$a^{\frac{2}{3}} + b^{\frac{2}{3}} = x^{\frac{2}{3}}\sin^2\theta + x^{\frac{2}{3}}\cos^2\theta$

$\qquad\qquad = x^{\frac{2}{3}} \; (\because \sin^2\theta + \cos^2\theta = 1)$

이므로 $x = \left(a^{\frac{2}{3}} + b^{\frac{2}{3}}\right)^{\frac{3}{2}}$

05 정답 ④

구하는 실근의 개수는 두 함수 $y = \frac{1}{3}\log_2 x$와

$y = \cos 3\pi x$의 그래프의 교점의 개수와 같다.

$\frac{1}{3}\log_2 x = 1$에서 $x = 8$, $\frac{1}{3}\log_2 x = -1$에서 $x = \frac{1}{8}$

$\frac{1}{3}\log_2 x = 0$에서 $x = 1$이다.

$\frac{2\pi}{3\pi} = \frac{2}{3}$이므로 $y = \cos 3\pi x$의 주기는 $\frac{2}{3}$이고 $\frac{8}{\frac{2}{3}} = 12$이므로

구간 $[0, 8]$에서 한 주기의 $\cos 3\pi x$의 그래프가 총 12개 그려진다.

이를 이용해서 두 함수의 그래프를 그려보면 다음과 같다.

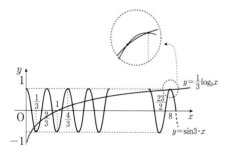

위 그림과 같이 $n = 1, 2, \cdots, 24$일 때, 열린 구간 $\left(\frac{n-1}{3}, \frac{n}{3}\right)$에서 두 그래프가 하나의 교점을 갖고 점 $(8, 1)$에서 두 그래프가 만나며 $x > 8$일 때, 두 그래프는 만나지 않음을 알 수 있다.

따라서 구하는 실근 x의 개수는 $24 + 1 = 25$

06 정답 ⑤

선분 AC와 원이 만나는 점을 D라 하자.

$\overline{AD}$가 지름이므로 $\angle ABD = \frac{\pi}{2}$이다.

$\angle CAB = \theta$라 하면 문제의 조건에서

$\sin\theta = \frac{1}{3}$, $\cos\theta = \sqrt{1 - \sin^2\theta} = \frac{2\sqrt{2}}{3}$이고

$\overline{AD} = 6$, $\overline{BD} = \overline{AD}\sin\theta = 2$, $\overline{AB} = \overline{AD}\cos\theta = 4\sqrt{2}$이다.

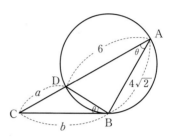

또한 $\angle BDC = \frac{\pi}{2} + \theta$이고

접선과 현이 이루는 각은 현에 대한 원주각과 같으므로

$\angle DBC = \theta$이다.

$\overline{CD} = a$, $\overline{BC} = b$라 놓고 $\triangle BCD$에서 사인법칙을 이용하면

$\dfrac{a}{\sin\theta} = \dfrac{b}{\sin\left(\frac{\pi}{2} + \theta\right)}$

$\therefore b = 2\sqrt{2}\,a \; \left(\because \sin\left(\frac{\pi}{2} + \theta\right) = \cos\theta\right)$ ...... ㉠

또한 $\overline{BC}^2 = \overline{CD} \cdot \overline{CA}$이므로 $b^2 = a(a+6)$ ...... ㉡

㉠, ㉡에서 $a = \frac{6}{7}$

$\therefore (\triangle ACB의 넓이) = \frac{1}{2}\overline{AC} \cdot \overline{AB} \cdot \sin\theta$

$\qquad\qquad = \frac{1}{2}\left(6 + \frac{6}{7}\right) \cdot 4\sqrt{2} \cdot \frac{1}{3}$

$\qquad\qquad = \frac{32}{7}\sqrt{2}$

07 정답 ④

중심이 C인 원의 반지름의 길이를 r_1, 중심이 D인 원의 반지름의 길이를 r_2라고 하자.

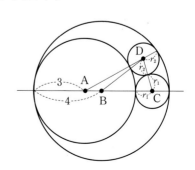

$\overline{AC}=3+r_1(\text{외접}), \overline{BC}=4-r_1(\text{내접})$이고

$\overline{AB}=\overline{AC}-\overline{BC}=2r_1-1=1$에서 $r_1=1$

$\overline{AD}=3+r_2(\text{외접}), \overline{CD}=1+r_2(\text{외접}), \overline{BD}=4-r_2(\text{내접})$이고

$\overline{AB}=1, \overline{BC}=3$

$\angle DBA=\theta$라 하면 $\angle DBC=\pi-\theta$

$\triangle DAB$에서 코사인법칙을 이용하면

$\cos\theta=\dfrac{1^2+(4-r_2)^2-(3+r_2)^2}{2 \cdot 1 \cdot (4-r_2)}=\dfrac{4-7r_2}{4-r_2}$ ...... ㉠

$\triangle DBC$에서 코사인법칙을 이용하면

$\cos(\pi-\theta)=-\cos\theta=\dfrac{3^2+(4-r_2)^2-(1+r_2)^2}{2 \cdot 3 \cdot (4-r_2)}$

$=\dfrac{12-5r_2}{3(4-r_2)}$ ...... ㉡

㉠+㉡ 을 하면

$\dfrac{(12-21r_2)+12-5r_2}{3(4-r_2)}=0, \ 24-26r_2=0$

$\therefore r_2=\dfrac{12}{13}$

 08 정답 ①

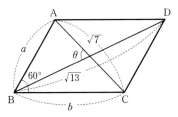

$\overline{AB}=a, \overline{BC}=b$라 하면 평행사변형 ABCD의 넓이는

$\square ABCD=\triangle ABC+\triangle ACD=2\triangle ABC$

$=2\times\dfrac{1}{2}ab\sin\theta=ab\sin60°=\dfrac{\sqrt3}{2}ab$

이고

$\square ABCD=\dfrac{1}{2}\times\overline{AC}\times\overline{BD}\times\sin\theta=\dfrac{1}{2}\times\sqrt7\times\sqrt{13}\times\sin\theta$

$=\dfrac{\sqrt{91}}{2}\sin\theta$

이므로 $\dfrac{\sqrt3}{2}ab=\dfrac{\sqrt{91}}{2}\sin\theta$

$\sqrt3\,ab=\sqrt{91}\sin\theta$ ...... ㉠

삼각형 ABC에서 코사인법칙을 적용하면

$\left(\sqrt7\right)^2=a^2+b^2-2ab\cos60°$

$7=a^2+b^2-ab$ ...... ㉡

또, 삼각형 BCD에서 코사인법칙을 적용하면

$\left(\sqrt{13}\right)^2=a^2+b^2-2ab\cos120°$

$13=a^2+b^2+ab$ ...... ㉢

㉢-㉡을 하면

$2ab=6$ $\therefore ab=3$

이를 ㉠에 대입하면

$3\sqrt3=\sqrt{91}\sin\theta$이므로

$\sin\theta=\dfrac{3\sqrt3}{\sqrt{91}}$

$\therefore \sin^2\theta=\left(\dfrac{3\sqrt3}{\sqrt{91}}\right)^2=\dfrac{27}{91}$

 09 정답 ④

세 원의 반지름의 길이의 비가 $2:3:4$이므로

다음 그림과 같이 각 원의 반지름의 길이를 $2x, 3x, 4x$라 두자.

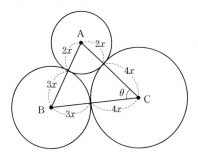

따라서 코사인법칙에 의하여

$\cos\theta=\dfrac{(7x)^2+(6x)^2-(5x)^2}{2 \cdot 7x \cdot 6x}=\dfrac{5}{7}$

 10 정답 ②

사각형 ABCD가 원에 내접하므로

$\angle BAD+\angle BCD=\pi$

$\angle BAD=\theta$라 하면

삼각형 BAD에서 코사인법칙에 의하여

$\overline{BD}^2=\overline{AB}^2+\overline{AD}^2-2\overline{AB} \cdot \overline{AD}\cos\theta=37-12\cos\theta$

삼각형 BCD에서 코사인법칙에 의하여

$\overline{BD}^2=\overline{BC}^2+\overline{CD}^2-2\overline{BC} \cdot \overline{CD}\cos(\pi-\theta)=25+24\cos\theta$

$37-12\cos\theta=25+24\cos\theta$에서

$\cos\theta=\dfrac{1}{3}$

$\therefore \sin\theta=\sqrt{1-\cos^2\theta}=\dfrac{2\sqrt2}{3}$

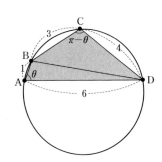

∴ (□ABCD의 넓이)

= (△BAD의 넓이) + (△BCD의 넓이)

$= \frac{1}{2}\,\overline{AB}\cdot\overline{AD}\sin\theta + \frac{1}{2}\,\overline{BC}\cdot\overline{CD}\sin(\pi-\theta)$

$= \frac{1}{2}\cdot1\cdot6\cdot\frac{2\sqrt{2}}{3} + \frac{1}{2}\cdot3\cdot4\cdot\frac{2\sqrt{2}}{3}$

$= 6\sqrt{2}$

11 [정답 ④]

$\cos^2 x = 1 - \sin^2 x$이므로,

$f(x) = 1 - \sin^2 x + 4\sin x + 3 = -\sin^2 x + 4\sin x + 4$

$\sin x = t$ (단, $-1 \le t \le 1$)로 치환하면 $f(t) = -(t-2)^2 + 8$

$t=1$에서 최댓값 7을 가지므로 ∴ 7

12 [정답 12]

$\sin\frac{\pi x}{2}$는 주기가 4인 함수이다.

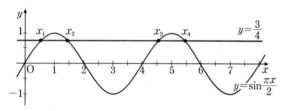

교점의 x좌표를 각각 x_1, x_2, x_3, x_4라 두면

4개의 좌표는 모두 $x=3$에 대해 대칭이므로

∴ x좌표 합 $= 3\times4 = 12$

13 [정답 27]

$\angle BAC = \theta$이고, 원주각에 의해 바깥쪽 $\angle BOC = 2\theta$이므로,

$\angle BOC = 2\pi - 2\theta$,

$\angle BOM = \pi - \theta$이다.

△BOM에서,

$\overline{BM} = |R\sin\theta|$,

$\overline{OM} = |R\cos\theta|$이다.

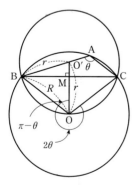

(가): $\overline{O'M} = r - |R\cos\theta|$이고,

△O'BM에서 $r^2 = R^2\sin^2\theta + r^2$
$+ R^2\cos^2\theta - 2r|R\cos\theta|$

(∵코사인법칙)

∴ $R = 2r|\cos\theta|$

(나): $\sin(\angle O'BM) = \dfrac{r - |R\cos\theta|}{r} = \dfrac{r - |2r\cos\theta|\times|\cos\theta|}{r}$
$= 1 - 2\cos^2\theta$

(다): $\overline{BC} = |2R\sin\theta|$, $\overline{AC} = 2R\sin(\angle O'BM) = 2R(1 - 2\cos^2\theta)$에서

$\dfrac{\overline{BC}}{\overline{AC}} = \dfrac{\sin\theta}{1 - 2\cos^2\theta}$

$f(\alpha) = 2\times\dfrac{3}{5} = \dfrac{6}{5}$, $g(\beta) = 1 - \dfrac{20}{25} = \dfrac{1}{5}$, $h\!\left(\dfrac{2}{3}\pi\right) = \sqrt{3}$

$\dfrac{q}{p} = \dfrac{22}{5}$, ∴ 27

14 [정답 ①]

근과 계수의 관계에서 $\sin\theta + \cos\theta = \dfrac{1}{5}$, $\sin\theta\cos\theta = \dfrac{a}{5}$

$\sin\theta\cos\theta = \dfrac{(\sin\theta + \cos\theta)^2 - 1}{2} = -\dfrac{12}{25}$ ∴ $a = -\dfrac{12}{5}$

15 [정답 ④]

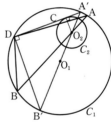

(가): $2r$ …… $f(r)$

$\overline{BD}$가 최대이려면 직선 AD가 C_2에서 접해야 하므로

$\sin A = \dfrac{1}{\overline{AO_2}}$ 이고, O_1, O_2, A가 일직선상에 있을 때,

$\overline{AO_2}$는 최소, $\overline{BD}$가 최대가 된다.

(나): $\overline{AO_2}$의 최솟값 $= r - 2$ …… $g(r)$

△A'C'O$_1$에서 코사인법칙을 쓰면

$\overline{O_1C'}^2 = \overline{A'C'}^2 + \overline{A'O_1}^2 - 2\times\overline{A'C'}\times\overline{A'O_1}\times\cos A$

(다): $(r-2)^2 - 1 + r^2 - 2\sqrt{t(r-2)^2 - 1}\times r\times\dfrac{(r-2)^2 - 1}{r-2}$ …… $h(r)$

∴ $f(4) = 8$, $g(5) = 3$, $h(6) = 4^2 - 1 + 6^2 - \dfrac{2(4^2 - 1)\times6}{4} = 6$,

$8\times3\times6 = 144$

수열

01

조건 (가)에 의하여 등비수열의 공비를 r라 하면
$b=ar$, $c=ar^2$을 만족시키는 0이 아닌 실수 r이 존재한다.
조건 (나)에서
$a^2r=ar^2$이므로 $a=r$
$\therefore b=a^2$, $c=a^3$
조건 (다)에서
$a+3a^2+a^3=-3$이고, 조립제법을 사용하면
$(a+3)(a^2+1)=0$

$$
\begin{array}{r|rrrr}
-3 & 1 & 3 & 1 & 3 \\
   &   & -3 & 0 & -3 \\
\hline
   & 1 & 0 & 1 & 0 \\
\end{array}
$$

$\therefore a=-3$
$\therefore a+b+c=(-3)+(-3)^2+(-3)^3=-21$

02

점 A_k의 y좌표가 2^k+4이고 점 B_k의 y좌표가 $k+1$이므로 S_k는 가로의 길이가 1이고 세로의 길이가 $(2^k+4)-(k+1)=2^k-k+3$인 직사각형의 넓이이다.
따라서 $S_k=2^k-k+3$이므로
$$\sum_{k=1}^{8}S_k=\sum_{k=1}^{8}2^k-\sum_{k=1}^{8}(k-3)=\frac{2(2^8-1)}{2-1}-\frac{8\times9}{2}-24=498$$

03

수열 $\{a_n\}$이 $a_{n+2}=a_n+2$를 만족시키므로
수열 $\{a_{2n-1}\}$과 수열 $\{a_{2n}\}$은 각각 공차가 2인 등차수열이다.
$a_1=1$, $a_2=p$이므로
$$\begin{aligned}
\sum_{k=1}^{10}a_k&=\sum_{k=1}^{5}a_{2k-1}+\sum_{k=1}^{5}a_{2k}\\
&=\frac{5}{2}(a_1+a_9)+\frac{5}{2}(a_2+a_{10})\\
&=\frac{5}{2}(1+9)+\frac{5}{2}(2p+8)\\
&=45+5p=70
\end{aligned}$$
$\therefore p=5$이다.

04

α, β, $\alpha+\beta$가 이 순서대로 등차수열을 이루므로
$2\beta=\alpha+(\alpha+\beta)$에서 $\beta=2\alpha$ …… ㉠
근과 계수와의 관계에 의하여
$\alpha+\beta=k$, $\alpha\beta=72$
$\alpha\beta=72$에 ㉠을 대입하면
$2\alpha^2=72$
$\therefore \alpha=\pm6$, $\beta=\pm12$ ($\because$ ㉠)
그런데 $\alpha+\beta=k>0$이므로
$\alpha=6$, $\beta=12$
$\therefore k=\alpha+\beta=18$

05

직선 $y=x+1$과 $y=-x+2n+1$의 교점의 x좌표는
$x+1=-x+2n+1$에서 $x=n$이다.
따라서 두 직선은 $(n, n+1)$에서 만난다.
또한, 직선 $y=-x+2n+1$의 x절편은 $2n+1$이고
직선 $y=\frac{x}{n+1}$는 두 점 $(n+1, 1)$과 $(2n+2, 2)$를 지난다.
(i) $n=1, 2$일 때,

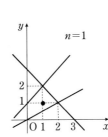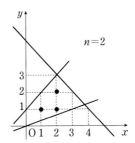

위의 그림에서 $a_1=1$, $a_2=3$이다.
(ii) $n\geq3$일 때,

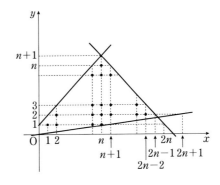

직선 $y=-x+2n+1$과 $y=\dfrac{x}{n+1}$ 는 위의 그림과 같이

$2n-1<x<2n$인 범위에서 만난다.

$$\therefore a_n=(1+2+\cdots+n)+\{(n-2)+(n-3)+\cdots+1\}$$
$$=\frac{n(n+1)}{2}+\frac{(n-2)(n-1)}{2}$$
$$=n^2-n+1$$

(i), (ii)에서 $a_n=n^2-n+1\ (n\geq1)$

$a_n=n^2-n+1=133$에서 $n(n-1)=132=12\cdot11$이므로

$$\therefore n=12$$

06   정답 120

$\displaystyle\sum_{k=n}^{2n}a_k=0$이므로 $\dfrac{(n+1)\{a_n+a_{2n}\}}{2}=0$에서 $a_n+a_{2n}=0$이다.

$a_n+a_{2n}=a_1+a_{3n-1}=0$이므로 $4032=(3n-2)d$이다.

$4032=2^6\times3^2\times7$에서

$(3n-2)$는 $1,\ 2^2,\ 2^4,\ 2^6$과 7 그리고 그들의 곱으로 만들어지므로

$(3n-2,\ d)$의 가능한 순서쌍은

$(1,\ 4032),\ (4,\ 1008),\ (7,\ 576),\ (16,\ 252),\ (28,\ 144),\ (64,\ 63),$

$(112,\ 36),\ (448,\ 9)$이고,

이때 모든 d의 합은 6120이다.

따라서 6120을 1000으로 나눈 나머지는 120이다.

07   정답 195

원 $x^2+y^2=n^2$과 곡선 $y=\dfrac{k}{x}$의 제1사분면의 두 교점을

$P\left(a,\ \dfrac{k}{a}\right),\ Q\left(\dfrac{k}{a},\ a\right)$

제3사분면의 두 교점을 $R\left(-a,\ -\dfrac{k}{a}\right),\ S\left(-\dfrac{k}{a},\ -a\right)$라 하자

두 점 P, Q는 원 위의 점이므로 $a^2+\left(\dfrac{k}{a}\right)^2=n^2$ $\cdots\cdots$ ㉠

직사각형의 긴 변의 길이가 짧은 변의 길이의 2배이면

$2\overline{PQ}=\overline{PS}$이 성립한다

$$2\sqrt{\left(a+\frac{k}{a}\right)^2+\left(a-\frac{k}{a}\right)^2}=\sqrt{\left(a+\frac{k}{a}\right)^2+\left(a+\frac{k}{a}\right)^2}$$

정리하면 $a^2=3k$ $\cdots\cdots$ ㉡

㉡을 ㉠에 대입하면

$$3k+\frac{k}{3}=n^2,\ k=\frac{3n^2}{10}$$

따라서 $f(n)=\dfrac{3}{10}n^2$이므로

$$\sum_{n=1}^{12}f(n)=\frac{3}{10}\times\frac{12\times13\times25}{6}=195$$

08   정답 191

선분과 곡선의 위치 관계로부터

$\dfrac{1}{k}\cdot n^2\leq 2n\leq\dfrac{1}{k}\cdot 4n^2,\ \dfrac{n}{2}\leq k\leq 2n$

(i) $n=2m-1$ (홀수)이면

     $m\leq k\leq 4m-2,\ a_n=a_{2m-1}=3m-1$

(ii) $n=2m$ (짝수)이면

     $m\leq k\leq 4m,\ a_n=a_{2m}=3m+1$

$$\therefore\sum_{n=1}^{15}a_n=\sum_{m=1}^{8}(3m-1)+\sum_{m=1}^{7}(3m+1)=100+91=191$$

09   정답 ⑤

$a_n=ar^{n-1}(a>0,\ r>0)$라고 하면

$(ar)(ar^3)=2(ar^4),\ (ar^4)=(ar^3)+12(ar^2)$

$a=2,\ r^2=r+12$

$r=4,\ a_{10}=ar^9=2\times4^9=2^{19}$

$$\therefore \log_2 a_{10}=\log_2 2^{19}=19$$

10   정답 17

조건에 맞도록 나열하면

(가)에서 $a_{m-2}=d+1,\ a_{m-1}=1,\ a_m=1-d$

$1-d$	1	$1+d$	$\cdots$
a_m	a_{m-1}	a_{m-2}	$\cdots$
	a_{m+1}		

(나)에서 $a_1=a_{m-1}+(m-2)d=1+(m-2)d$

$2+(m-2)d=9(d-2),\ d=\dfrac{20}{11-m}$

(다)에서 $\dfrac{(m-1)9(d-2)}{2}=45$, 즉 $(m-1)(d-2)=10$

따라서 $(m-1)\left(\dfrac{20}{11-m}-2\right)=10,\ m^2+3m-54=0$

$(m-6)(m+9)=0$ $\therefore m=6,\ d=4$

$$\therefore a_1=1+(6-2)\times4=17$$

11   정답 282

$a_n=S_n-S_{n-1}$
$$=(n^2+cn)-(n-1)^2-c(n-1)$$
$$=2n-1+c$$

수열 $\{a_n\}$을 30번째항까지 나열하면

$1+c, 3+c, 5+c, \cdots, 55+c, 57+c, 59+c$

따라서 b_{20}은 $57+c$ 또는 $59+c$이므로

$57+c=199, 59+c=199$

$c=142$ 또는 140

$\therefore 142+140=282$

 12 정답 ①

(가), (나)에서 $a_{2n+1}+a_{2n+2}=2a_{n+1}$

$\sum_{k=1}^{n}(a_{2k+1}+a_{2k+2})=\sum_{k=1}^{n}2a_{k+1}$에서

$S_{2n+2}-a_1-a_2=2(S_{n+1}-a_1)$

즉 $S_{2n+2}=2S_{n+1}+1$

$S_2=1+2=3, S_4=2S_2+1=7,$

$S_8=2S_4+1=15$

$\therefore S_{16}=2S_8+1=31$

 13 정답 ⑤

밑 조건에 의하여 a, b, c는 1이 아닌 양수이고 이 순서로 등비수열을 이루므로

$b^2=ac$ …… ㉠

ㄱ. a, b, c가 양수이므로 산술·기하평균에 의하여

$\dfrac{a+c}{2}\geq\sqrt{ac}=\sqrt{b^2}=b$

따라서 $a+c$의 최솟값은 $2b$이다 (참)

ㄴ. $\dfrac{1}{f(5)}=\log_5 a, \dfrac{1}{g(5)}=\log_5 b, \dfrac{1}{h(5)}=\log_5 c$이므로

식 ㉠의 양변에 밑이 5인 로그를 취하면

$2\log_5 b=\log_5 a+\log_5 c$

$\therefore \dfrac{2}{g(5)}=\dfrac{1}{f(5)}+\dfrac{1}{h(5)}$

따라서 $\dfrac{1}{f(5)}, \dfrac{1}{g(5)}, \dfrac{1}{h(5)}$ 는 이 순서로 등차수열을 이룬다.(참)

ㄷ. $x_1=a^5, x_2=b^5, x_3=c^5$이므로 식 ㉠에 대입하면

$\left(x_2^{\frac{1}{5}}\right)^2=x_1^{\frac{1}{5}}\cdot x_3^{\frac{1}{5}}$

$\therefore x_2^2=x_1\cdot x_3$

따라서 x_1, x_2, x_3은 등비수열을 이룬다. (참)

 14 정답 ⑤

지수함수 $y=a^x$의 그래프를 x축의 방향으로 b만큼 평행이동시킨 함수식은 $y=a^{x-b}$ …… ㉠

수열 $\{a_n\}$은 첫째항이 2, 공비가 3인 등비수열이므로

$a_n=2\times 3^{n-1}$

점 (n, a_n)은 ㉠ 위의 점이므로

$a^{n-b}=2\times 3^{n-1}$ …… ㉡

$\therefore a=3$

$3^{n-b}=2\times 3^{n-1}$에서

양변을 3^{n-1}으로 나누면 $3^{-b+1}=2$이다.

로그의 정의에 의해서 $-b+1=\log_3 2$

$\therefore b=1-\log_3 2$ …… ㉢

㉡, ㉢에서

$a+b=4-\log_3 2$

15 정답 ①

로그함수의 정의역 및 점근선으로부터 $\dfrac{m}{2}<n$

지수함수의 점근선으로부터 $n<m$

따라서 $n<m<2n$이므로

$a_n=(n+1)+(n+2)+\cdots+(2n-1)=\dfrac{3}{2}n(n-1)$

$\dfrac{1}{a_n}=\dfrac{2}{3}\left(\dfrac{1}{n-1}-\dfrac{1}{n}\right)$

$\therefore \sum_{n=5}^{10}\dfrac{1}{a_n}=\dfrac{2}{3}\left(\dfrac{1}{4}-\dfrac{1}{10}\right)=\dfrac{1}{10}$

16 정답 ⑤

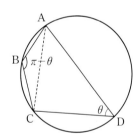

$\overline{AB}, \overline{BC}, \overline{CD}, \overline{DA}$의 길이를 각각 $a, \sqrt{2}a, 2a, 2\sqrt{2}a$라 하자.

사각형 ABCD가 원에 내접하므로

$\angle ABC+\angle ADC=\pi$에서 $\angle ABC=\pi-\theta$

$\triangle$ABC에서 코사인법칙을 이용하면

$\overline{AC}^2=\overline{AB}^2+\overline{BC}^2-2\overline{AB}\cdot\overline{BC}\cos(\pi-\theta)$

$=a^2+2a^2+2\sqrt{2}a^2\cos\theta$ …… ㉠

$\triangle$ADC에서 코사인법칙을 이용하면

$\overline{AC}^2=\overline{CD}^2+\overline{DA}^2-2\overline{CD}\cdot\overline{DA}\cos\theta$

$=4a^2+8a^2-8\sqrt{2}a^2\cos\theta$ …… ㉡

㉠, ㉡ 에서 $10\sqrt{2}\cos\theta=9$

$\therefore \cos\theta=\dfrac{9\sqrt{2}}{20}$

⑰   정답 ④

$a_1=a$, 공비를 r이라 하면, 주어진 조건에서

$a_3=ar^2=1$, $\dfrac{ar^3+ar^4}{ar+ar^2}=\dfrac{r^2(1+r)}{1+r}=4$이므로 $r^2=4$, $a=\dfrac{1}{4}$

$\therefore a_9=ar^8=\dfrac{1}{4}\times(r^2)^4=2^6=64$

⑱   정답 ④

$\therefore$ (준식) $=2\displaystyle\sum_{K=1}^{9}k^2+\sum_{K=1}^{9}k=2\times\dfrac{9\times10\times19}{6}+\dfrac{9\times10}{2}$

$\qquad\qquad =570+45=615$

⑲   정답 ③

등차수열 $\{a_n\}$의 공차를 d라 하면,

$S_{10}=\displaystyle\sum_{k=1}^{10}a_k=\dfrac{10(2+9d)}{2}$

$T_{10}=\displaystyle\sum_{k=1}^{10}(-1)^k a_k=(-a_1+a_2)+(-a_3+a_4)\cdots(-a_9+a_{10})$

$\qquad =5d$이다.

즉, $\dfrac{S_{10}}{T_{10}}=\dfrac{5(2+9d)}{5d}=6$, $d=-\dfrac{2}{3}$이므로,

$\therefore T_{39}=(-a_1+a_2)+(-a_3+a_4)\cdots(-a_{35}+a_{36})-a_{37}=18d-a_{37}$

$\qquad\quad =18d-(1+36d)=-1-18d=-1+12=11$

⑳   정답 ①

조건 (나)에서 $a_2=a_3\times a_1+1$, $a_3=2a_1-a_2$

$a_3=2a_1-a_3\times a_1-1$에서, $a_3(a_1+1)=2a_1-1$

$a_3=\dfrac{2a_1-1}{a_1+1}=2-\dfrac{3}{a_1+1}$에서 a_3은 정수이므로,

$\dfrac{3}{a_1+1}$도 정수이어야 한다.

$a_1+1=1$, -1, 3, -3이 가능하므로, a_1의 최솟값은 -4이다.

$\therefore m=-4$

즉, $a_1=-4$, $a_2=-11$, $a_3=-3$, $a_4=a_3\times a_2+1=-32$,

$\therefore a_9=2a_4-a_2=-53$

㉑   정답 ②

$a_2=4$, $\dfrac{(a_3)^2}{a_1\times a_7}=\dfrac{(a_3)^2}{(a_4)^2}=\dfrac{1}{r^2}=2$에서 $r^2=\dfrac{1}{2}$

$\therefore a_4=a_2\times r^2=4\times\dfrac{1}{2}=2$

㉒   정답 ⑤

$Q_nR_n\le P_nQ_n$인 n의 범위는 $Q_nR_n\le\dfrac{1}{2}P_nQ_n$를 만족하는 n의 범위이므로,

$\dfrac{1}{20}n\left(n+\dfrac{1}{3}\right)\le\dfrac{1}{2}n$, $n\le\dfrac{29}{3}$

즉, $1\le n\le9$에서 $a_n=R_nQ_n$, $n=10$일 때 $a_n=P_nQ_n$

$\displaystyle\sum_{n=1}^{10}a_n=\left\{\sum_{n=1}^{9}\dfrac{1}{20}n\left(n+\dfrac{1}{3}\right)\right\}+a_{10}=\dfrac{9\times10}{120}(19+1)+\dfrac{29}{6}$ $\therefore\dfrac{119}{6}$

㉓   정답 64

$a_1=1$, $a_2=2$, $a_3=3$, $a_4=2\times a_2=4$ $\cdots$ 이고 $a_7=3a_3=9$이므로

$a_k=64$를 만족하는 k를 찾으면 된다.

$a_k=64\Rightarrow a_{\frac{k}{2}}=32\Rightarrow a_{\frac{k}{4}}=16\Rightarrow a_{\frac{k}{8}}=16\Rightarrow a_{\frac{k}{16}}=4=a_4$이므로

$k=64$

㉔   정답 35

(가) $2a+11d=-\dfrac{1}{2}$ $\cdots\cdots$ ㉠

(나) $2a+(l+m-2)d=1$ $\cdots\cdots$ ㉡라 두자.

㉠$-$㉡ : $\dfrac{3}{2}=(l+m-13)d$에서 $(l+m-13)$값에 따라 d의 값이 하나로 결정된다. $l+m-13=k$라 하면, $l+m=13+k$에서 만족하는 (l, m)개수가 6쌍이 나와야 하므로 가능한 경우는 $(1, 13)$, $(2, 12)$, $(3, 11)\cdots(6, 8)$에서 $k=1$이다.

즉, $d=\dfrac{3}{2}$이므로 ㉠에서 $a=-\dfrac{17}{2}$

$\therefore S=\dfrac{14(a_1+a_{14})}{2}=7\times\left\{-\dfrac{17}{2}+\left(-\dfrac{17}{2}+13\times\dfrac{3}{2}\right)\right\}$

$\qquad =\dfrac{35}{2}$, $2S=35$

극한

01 정답 ①

ㄱ. $\lim_{x \to -2} f(x) = 1$, $\lim_{x \to -2} g(x) = -1$이므로

$\lim_{x \to -2} \{f(x) + 5g(x)\} = -4$ (참)

ㄴ. $\lim_{x \to 1-} f(x) = 2$, $\lim_{x \to 1-} g(x) = -2$, $\lim_{x \to 1+} g(x) = -1$이고

$\lim_{x \to 1-} f(x)g(x) = -4$, $\lim_{x \to 1+} f(x)g(x) = -2$이므로

$\lim_{x \to 1} f(x)g(x)$의 값은 존재하지 않는다. (거짓)

ㄷ. $\lim_{x \to 2} f(x) = 1$, $\lim_{x \to 2} g(x) = 0$이므로

$\lim_{x \to 2} \dfrac{f(x)}{g(x)} = \infty$ (거짓)

따라서 옳은 것은 ㄱ뿐이다.

02 정답 65

$\lim_{x \to \infty} \dfrac{f(x)}{x^3 - 2x^2 + 3x - 4} = 1$ ...... ㉠

$\lim_{x \to 1} \dfrac{f(x)}{(x-1)(x-2)} = 4$ ...... ㉡

$\lim_{x \to 2} \dfrac{13f(x)}{(x-1)(x-2)} = a$ ...... ㉢이므로

㉠에서 $f(x)$는 최고차항의 계수가 1인 삼차식이다.

㉡에서 $f(1) = 0$, ㉢에서 $f(2) = 0$이고,

$f(x) = (x-1)(x-2)(x+a)$라 두고 ㉡에 대입하면

$\lim_{x \to 1} \dfrac{(x-1)(x-2)(x+a)}{(x-1)(x-2)} = 4$

$1 + a = 4$ $\therefore a = 3$

따라서 $f(x) = (x-1)(x-2)(x+3)$이므로 ㉢에 대입하면

$a = \lim_{x \to 2} \dfrac{13(x-1)(x-2)(x+3)}{(x-1)(x-2)} = 13 \cdot 5 = 65$

03 정답 ⑤

ㄱ) $\lim_{x \to 0\pm} (f \circ f)(x) = \lim_{t \to 2+} f(t) = 3$

$\therefore \lim_{x \to 0} (f \circ f)(x) = 3 \ne 2$ (거짓)

ㄴ) $\lim_{x \to 1-} (f \circ f)(x) = \lim_{t \to 3-} f(t) = 2$

$\lim_{x \to 2+} (f \circ f)(x) = \lim_{t \to 3-} f(t) = 2$

$\therefore \lim_{x \to 1-} (f \circ f)(x) = \lim_{x \to 2+} (f \circ f)(x) = 2$ (참)

ㄷ) $(f \circ f)(3) = f(2) = 3$

$\lim_{x \to 3\pm} (f \circ f)(x) = \lim_{t \to 2+} f(t) = 3$ (참)

$\therefore \lim_{x \to 3} (f \circ f)(x) = (f \circ f)(3) = 3$

따라서 옳은 것은 ㄴ, ㄷ이다.

04 정답 21

(나) 조건에서 $\lim_{x \to 2} g(x) = \infty$, $\lim_{x \to 2} \dfrac{1}{g(x)} = 0$이다.

(가) 조건의 식 $2f(x) + g(x) = 1$의 양변에 $\dfrac{1}{g(x)}$를 곱하면

$2 \cdot \dfrac{f(x)}{g(x)} + 1 = \dfrac{1}{g(x)}$이므로

$\lim_{x \to 2} \left(\dfrac{2f(x)}{g(x)} + 1 \right) = \lim_{x \to 2} \dfrac{1}{g(x)} = 0$

$\therefore \lim_{x \to 2} \dfrac{f(x)}{g(x)} = -\dfrac{1}{2}$

여기서 $\lim_{x \to 2} g(x) = \infty$이므로 구하는 식의 분모, 분자를 $g(x)$로 나누면

$\lim_{x \to 2} \dfrac{4 \dfrac{f(x)}{g(x)} - 40}{2 \dfrac{f(x)}{g(x)} - 1} = \dfrac{-2-40}{-1-1} = 21$

05 정답 11

$\lim_{x \to \infty} \dfrac{f(x)}{x^2 + 2x + 3} = \dfrac{11}{3}$에서 $f(x)$는 이차식이고

$f(x)$의 최고차항의 계수는 $\dfrac{11}{3}$이므로

$f(x) = \dfrac{11}{3}x^2 + ax + b$라 하자.

$f(x) = \dfrac{11}{3}x^2 + ax + b$을 (나)에 대입하면

$\lim_{x \to 0} \dfrac{\dfrac{11}{3}x^2 + ax + b}{x} = -11$에서

$\therefore a = -11$, $b = 0$, $f(x) = \dfrac{11}{3}x^2 - 11x$

$\lim_{x \to 3} \dfrac{\dfrac{11}{3}x^2 - 11x}{x - 3} = \lim_{x \to 3} \dfrac{11x(x-3)}{3(x-3)} = 11$

06 정답 ⑤

ㄱ. $\lim_{x \to -1-} f(x)g(x) = (-1) \times (-1) = 1$

$\lim_{x \to -1+} f(x)g(x) = (-1) \times 1 = -1$

$\therefore \lim_{x \to -1} f(x)g(x)$은 존재하지 않는다. (거짓)

ㄴ. $\lim_{x \to 1-} f(x)g(x) = (-1) \times (-1) = 1$

$\lim_{x \to 1+} f(x)g(x) = 1 \times 1 = 1$

$\therefore \lim_{x \to 1} f(x)g(x) = 1$ (참)

ㄷ. ㄱ에 의해서 함수 $f(x)g(x)$는 $x = -1$에서 불연속이다.

또한, $f(1)g(1) = 1 \times (-1) = -1$이고

ㄴ에서 $\lim_{x \to 1} f(x)g(x) = 1$이므로

$\lim_{x \to 1} f(x)g(x) \ne f(1)g(1)$

즉, $f(x)g(x)$는 $x = -1$에서 불연속이다.

따라서 함수 $f(x)g(x)$의 불연속점은 2개다. (참)

따라서 옳은 것은 ㄴ, ㄷ이다.

07   정답 ②

$x \to -1-$일 때, $f(x) \to 0+$이고

$x \to 0+$일 때, $f(x) \to 1-$이므로

$$\lim_{x \to -1-} f(f(x)) + \lim_{x \to 0+} f(f(x))$$

$$= \lim_{t \to 0+} f(t) + \lim_{t \to 1-} f(t)$$

$$= 1 + (-2) = -1$$

08   정답 ③

ㄱ. $\lim\limits_{x \to 1-} f(x) = 1$, $\lim\limits_{x \to 1+} g(x) = 1$이므로

   $\lim\limits_{x \to 1-} f(x) + \lim\limits_{x \to 1+} g(x) = 2$ (참)

ㄴ. $x \to 0+$일 때, $f(x) \to 0+$이므로

   $\lim\limits_{x \to 0+} g(f(x)) = \lim\limits_{t \to 0+} g(t) = 1$ (거짓)

ㄷ. $\lim\limits_{x \to 1-} f(x)g(x) = 1 \times 0 = 0$

   $\lim\limits_{x \to 1+} f(x)g(x) = 0 \times 1 = 0$

   $f(1)g(1) = 0 \times 1 = 0$

   $\therefore \lim\limits_{x \to 1} f(x)g(x) = f(1)g(1)$

   따라서 함수 $f(x)g(x)$는 $x=1$에서 연속이다. (참)

따라서 옳은 것은 ㄱ, ㄷ이다.

09   정답 ③

$\lim\limits_{x \to \infty} \dfrac{f(x) - 2g(x)}{x^2} = 1$이므로

$f(x) - 2g(x)$는 최고차항의 계수가 1인 이차함수이다.

또 $\lim\limits_{x \to \infty} \dfrac{f(x) + 3g(x)}{x^3} = 1$이므로

$f(x) + 3g(x)$는 최고차항의 계수가 1인 삼차함수이다.

$\{f(x) + 3g(x)\} - \{f(x) - 2g(x)\} = 5g(x)$이므로

$g(x)$는 최고차항의 계수가 $\dfrac{1}{5}$인 삼차함수이다.

따라서 $\lim\limits_{x \to \infty} \dfrac{g(x)}{x^3} = \dfrac{1}{5}$이므로

$$\lim_{x \to \infty} \frac{f(x) + g(x)}{x^3}$$

$$= \lim_{x \to \infty} \left\{ \frac{f(x) + 3g(x)}{x^3} - \frac{2g(x)}{x^3} \right\}$$

$$= \lim_{x \to \infty} \frac{f(x) + 3g(x)}{x^3} - 2 \times \lim_{x \to \infty} \frac{g(x)}{x^3}$$

$$= 1 - \frac{2}{5} = \frac{3}{5}$$

10   정답 ①

$$\lim_{x \to 1+} f(x) - \lim_{x \to 2-} f(x) = -1 - 1 = -2$$

11   정답 ④

$$\lim_{x \to 1-} f(x) + \lim_{x \to 0+} f(x-2) = 2 - 1 = 1$$

12   정답 16

$\lim\limits_{x \to 6} \dfrac{x^2 - 8x + a}{x - 6} = b$이므로 $\lim\limits_{x \to 6}(x^2 - 8x + a) = 0$이다.

$6^2 - 8 \times 6 + a = 0$, $a = 12$

즉, $x^2 - 8x + a = (x-6)(x-2)$이므로

$b = \lim\limits_{x \to 6}(x-2) = 4$

$\therefore a + b = 12 + 4 = 16$

13   정답 ⑤

$x=1$에서만 연속성을 확인하면 된다.

$g(x) = (x-a)f(x)$에서

$g(1) = (1-a) \times 4 = \lim\limits_{x \to 1-} g(x) = (1-a)a$

$4(1-a) = a(1-a)$에서 $a=1$ 또는 $a=4$

$\therefore 1 + 4 = 5$

14   정답 ①

$x \to 2$일 때, (분모)$\to 0$이므로 $\lim\limits_{x \to 2}(x^2 - x + a) = 0$, 즉 $a = -2$

$\lim\limits_{x \to 2} \dfrac{(x-2)(x+1)}{x-2} = 3 = b$

$\therefore a + b = (-2) + 3 = 1$

(15) 정답 ①

i) $f(x)$가 $x=a$에서 연속일 때,

$f(-x)f(x)$는 $x=a$에서 연속이다.

즉, $\lim_{x \to a+} f(x) = -2a+4$, $\lim_{x \to a-} f(x) = a^2 - 5a$,

$f(a) = -2a+4$의 값이 같아야 하므로,

$-2a+4 = a^2 - 5a$, $a^2 - 3a - 4 = 0$

$\therefore a=4$ ($\because a$는 양의 실수)

ii) $f(x)$가 $x=a$에서 불연속일 때,

$f(-x)$는 $x=a$에서 함숫값이 0이어야 하므로,

$f(-a) = a^2 - 5a = 0$

$\therefore a=5$ ($\because a$는 양의 실수)

$\therefore$ 따라서 모든 a의 합$=9$

(16) 정답 ④

$\lim_{x \to 1+} f(x) = 2$, $\lim_{x \to 3-} f(x) = 2$이므로

$\therefore 2+2=4$

(17) 정답 ①

$x \neq 2$에서 $f(\alpha) = \lim_{x \to a+} f(x)$이므로 $\alpha<2$에서 $\alpha^2 + 1 = 2$, $\alpha = \pm 1$이고, $\alpha>2$에서 $a\alpha + b = 2$

만족하는 α값 1개 존재할 수 있으므로, $f(\alpha)=2$를 만족하는 해의 개수는 3개까지 가능하다. 즉, $x=2$에서 $f(\alpha) + \lim_{x \to a+} f(x) = 4$를 만족해야 실수 α의 개수가 4개가 가능하다.

즉, $f(2) + 2a + b = 4$, $2a+b = -1$ …… ㉠

$a\alpha + b = 2$ 만족하는 α값을 k라 두면, α의 총 합이 8이므로 $k=6$이다. 즉, $6a+b = 2$ …… ㉡

㉠, ㉡ 식을 연립하면 $a = \frac{3}{4}$, $b = -\frac{5}{2}$, $\therefore a+b = -\frac{7}{4}$

미분

(01) 정답 ⑤

$f_1(x) = \frac{x^2}{2} + x + \frac{3}{2}$, $f_2(x) = -x^2 + 4x$라 하면

$f_1'(x) = x+1$ $(x<1)$, $f_2'(x) = -2x+4$ $(x \geq 1)$

ㄱ. $f(1) = f_1(1) = f_2(1) = 3$이고

$\lim_{x \to 1-} \left(\frac{x^2}{2} + x + \frac{3}{2} \right) = \lim_{x \to 1+} (-x^2 + 4x) = 3$이므로

$\lim_{x \to 1} f(x) = 3$

따라서 $f(1) = \lim_{x \to 1} f(x)$이므로 연속이다. (참)

ㄴ. $f'(1) = 2$이므로 미분가능이다. (참)

ㄷ. $f'(1) = f_1'(1) = f_2'(1) = 2$이고

$\lim_{x \to 1-}(x+1) = \lim_{x \to 1+}(-2x+4) = 2$이므로

$\lim_{x \to 1} f'(x) = 2$

따라서 $f'(1) = \lim_{x \to 1} f'(x)$이므로 연속이다. (참)

따라서 옳은 것은 ㄱ, ㄴ, ㄷ이다.

(02) 정답 ⑤

$P_1(a, -3a^2)$, $P_2(b, -3b^2)$, $Q_1(c, (c-4)^2)$, $Q_2(d, (d-4)^4)$

$f(x) = -3x^2$, $g(x) = (x-4)^2$이라 하면

$f'(x) = -6x$, $g'(x) = 2(x-4)$

$f'(a) = g'(c)$에서 $c = -3a+4$

$f'(b) = g'(d)$에서 $d = -3b+4$

직선 P_1Q_1의 방정식은

$y = \frac{(c-4)^2 + 3a^2}{c-a}(x-a) - 3a^2$

$= \frac{-3a^2}{a-1}(x-a) - 3a^2$

또 직선 P_2Q_2의 방정식은

$y = \frac{(d-4)^2 + 3b^2}{d-b}(x-b) - 3b^2$

$= \frac{-3b^2}{b-1}(x-b) - 3b^2$

두 직선의 교점의 x좌표는

$\frac{-3a^2}{a-1}(x-a) - 3a^2 = \frac{-3b^2}{b-1}(x-b) - 3b^2$

에서 $x=1$

$x=1$을 직선 P_1Q_1의 방정식에 대입하면 $y=0$

따라서 직선 P_1Q_1과 직선 P_2Q_2의 교점의 좌표는 $(1, 0)$이다.

03 정답 ③

$f(x)=t$라 하면 $(g \circ f)(x)=0$의 근은 $g(t)=0$을 만족시키는 t의 값이 되는 x의 값이다.

$t^2-1=0$에서 $t=\pm 1$

즉, $f(x)=1$ 또는 $f(x)=-1$이 되는 x값의 개수를 구하면 된다.

$f(x)=2x^3-3x^2$에서 $f'(x)=6x^2-6x=6x(x-1)$

증감표를 그려보면 다음과 같다.

x	$\cdots$	0	$\cdots$	1	$\cdots$
$f'(x)$	$+$	0	$-$	0	$+$
$f(x)$	$\nearrow$	0	$\searrow$	-1	$\nearrow$

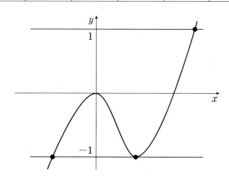

위의 그림에서 $f(x)=1$은 1개의 실근을 갖고, 방정식 $f(x)=-1$은 2개의 실근을 가지므로 총 3개의 실근을 갖는다.

04 정답 ③

$f(x)=mx+8$, $g(x)=x^3+2x^2-3x$라 하고, 직선과 곡선의 접점의 x좌표를 a라 할 때,

$\begin{cases} f(a)=g(a) \\ f'(a)=g'(a) \end{cases}$ 이면 곡선과 직선이 두 점에서 만난다. 즉

$\begin{cases} ma+8=a^3+2a^2-3a \\ m=3a^2+4a-3 \end{cases}$

에서 두 식을 연립하면

$(a+2)(a^2-a+2)=0$

따라서 $a=-2$이므로 $m=1$

05 정답 ⑤

$f'(x)=(x-q)(x-r)+(x-r)(x-p)+(x-p)(x-q)$

이므로

$\dfrac{p^2}{f'(p)}+\dfrac{q^2}{f'(q)}+\dfrac{r^2}{f'(r)}$

$=\dfrac{p^2}{(p-q)(p-r)}+\dfrac{q^2}{(q-r)(q-p)}+\dfrac{r^2}{(r-p)(r-q)}$

$=\dfrac{p^2(q-r)-q^2(p-r)+r^2(p-q)}{(p-q)(p-r)(q-r)}$

이때

$p^2(q-r)-q^2(p-r)+r^2(p-q)$

$=p^2(q-r)-(q^2-r^2)p+q^2r-qr^2$

$=(q-r)\{p^2-(q+r)p+qr\}$

$=(p-q)(p-r)(q-r)$

이므로 $\dfrac{p^2}{f'(p)}+\dfrac{q^2}{f'(q)}+\dfrac{r^2}{f'(r)}=1$

06 정답 ①

$y=x^2$에서 $y'=2x$이므로 접선 l의 방정식은

$y-a^2=2a(x-a)$. 즉, $y=2ax-a^2$

이고 점 $A\left(\dfrac{a}{2}, 0\right)$이다.

이때

직선 m의 방정식은 $y=-2ax+a^2$

직선 n의 방정식은 $y=-\dfrac{1}{2a}\left(x-\dfrac{a}{2}\right)=-\dfrac{x}{2a}+\dfrac{1}{4}$

이므로 점 $B(0, a^2)$, 점 $C\left(0, \dfrac{1}{4}\right)$이다.

$\therefore S(a)=\dfrac{1}{2}\times\left(\dfrac{1}{4}-a^2\right)\times\dfrac{a}{2}=\dfrac{a(1-4a^2)}{16}$ $\left(\because 0<a<\dfrac{1}{2}\right)$

$S'(a)=\dfrac{1-12a^2}{16}=0$에서 $a=\pm\dfrac{\sqrt{3}}{6}$이므로

$S(a)$는 $a=-\dfrac{\sqrt{3}}{6}$에서 극솟값을, $a=\dfrac{\sqrt{3}}{6}$에서 극댓값을 갖는다.

따라서 구하는 값은

$S\left(\dfrac{\sqrt{3}}{6}\right)=\dfrac{1}{16}\times\dfrac{\sqrt{3}}{6}\times\left(1-\dfrac{1}{3}\right)=\dfrac{\sqrt{3}}{144}$

07 정답 ④

$x^3-x^2-ax-3=0$에서 $x^3-x^2-3=ax$이므로

방정식 $x^3-x^2-ax-3=0$의 실근은

곡선 $y=x^3-x^2-3$과 직선 $y=ax$의 교점의 x좌표이다.

$f(x)=x^3-x^2-3$이라 하면

$f'(x)=3x^2-2x=x(3x-2)$

따라서 함수 $y=f(x)$의 그래프의 개형은 다음 그림과 같고 $y=ax$의 그래프가 그림과 같이 y축과 원점을 지나며 함수 $y=f(x)$에 접하는 접선 사이에 있을 때, 곡선 $y=f(x)$와 직선 $y=ax$가 서로 다른 세 교점을 갖는다.

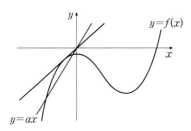

원점에서 함수 $y=f(x)$에 그은 접선의 방정식을 구하자.

접점을 $(t, f(t))$라 할 때, 접선의 방정식은

$y=f'(t)(x-t)+f(t)$

$\quad =(3t^2-2t)(x-t)+t^3-t^2-3$

이고, 이 접선이 원점을 지나므로

$0=(3t^2-2t)(0-t)+t^3-t^2-3$

$2t^3-t^2+3=0$

$(t+1)(2t^2-3t+3)=0$

$\therefore t=-1 \ (\because 2t^2-3t+3>0)$

즉, 원점에서 함수 $y=f(x)$에 그은 접선의 방정식이

$y=5x$이므로 곡선 $y=f(x)$와 직선 $y=ax$가 서로 다른 세 교점을 갖도록 하는 a의 범위는 $a>5$이다.

따라서 구하는 한 자리 자연수 a의 개수는 6, 7, 8, 9의 4이다.

08　정답 ②

함수 $f(x)$가 $x=a$에서 미분가능하면

$\displaystyle\lim_{h \to 0}\frac{f(a+h)-f(a)}{h}=f'(a)$이 성립한다.

즉, $\displaystyle\lim_{h \to 0}\frac{f(a+h)-f(a)}{h}$이 존재하고 그 값이 $f'(a)$이다.

ㄱ. $\displaystyle\lim_{h \to 0}\frac{f(a+h^2)-f(a)}{h^2}=\lim_{t \to 0+}\frac{f(a+t)-f(a)}{t}=f'(a)$

ㄴ. $\displaystyle\lim_{h \to 0}\frac{f(a+h^3)-f(a)}{h^3}=\lim_{t \to 0}\frac{f(a+t)-f(a)}{t}=f'(a)$

ㄷ. $\displaystyle\lim_{h \to 0}\frac{f(a+h)-f(a-h)}{2h}$

$\displaystyle\quad =\lim_{h \to 0}\frac{1}{2}\left\{\frac{f(a+h)-f(a)}{h}+\frac{f(a-h)-f(a)}{-h}\right\}$

$\displaystyle\quad =\frac{1}{2}\{f'(a)+f'(a)\}=f'(a)$

따라서 $f'(a)$가 존재하면 ㄱ, ㄴ, ㄷ 모두 성립한다.

그러나

$f(x)=|x-a|$이면 $x=a$에서 미분불가능하지만

$\displaystyle\lim_{h \to 0}\frac{f(a+h^2)-f(a)}{h^2}=\lim_{h \to 0}\frac{|h^2|}{h^2}=1$

$\displaystyle\lim_{h \to 0}\frac{f(a+h)-f(a-h)}{2h}=\lim_{h \to 0}\frac{|h|-|-h|}{h}=0$

이다.

따라서 ㄱ, ㄷ은 함수 $f(x)$가 $x=a$에서 미분가능하기 위한 필요 조건이다.

또한 $h^3=t$라 하면

$h \to 0+$ 일 때, $h^3 \to 0+$ 이므로 $t \to 0+$ 이고

$h \to 0-$ 일 때, $h^3 \to 0-$ 이므로 $t \to 0-$ 이다.

$\displaystyle\lim_{h \to 0}\frac{f(a+h^3)-f(a)}{h^3}=\lim_{t \to 0}\frac{f(a+t)-f(a)}{t}$ 이므로

$\displaystyle\lim_{h \to 0}\frac{f(a+h^3)-f(a)}{h^3}$ 의 값이 존재하면

$\displaystyle\lim_{t \to 0}\frac{f(a+t)-f(a)}{t}$ 즉, $\displaystyle\lim_{h \to 0}\frac{f(a+h)-f(a)}{h}$ 의 값이 존재한다.

따라서 ㄴ은 $f(x)$가 $x=a$에서 미분가능하기 위한 필요충분조건 이다.

09　정답 ④

점 P가 제1사분면 위의 점이므로 $a>0$이고 $b>0$이다.

$f(x)=\dfrac{1}{3}x^3-x$라 할 때, $f'(x)=x^2-1$이므로

곡선 $y=f(x)$ 위의 점 $P(a, b)$에서의 접선의 방정식은

$y=f'(a)\ (x-a)+f(a)$

$\quad =(a^2-1)(x-a)+\dfrac{1}{3}a^3-a$

이다.

따라서 점 Q의 y좌표는 $-\dfrac{2}{3}a^3$이고, $\overline{OQ}=\dfrac{2}{3}a^3$이다. $(\because a>0)$

점 R의 y좌표는 $f(a)=\dfrac{1}{3}a^3-a$이므로

$\overline{OR}=\dfrac{1}{3}a^3-a$이다.

$\overline{OQ}:\overline{OR}=3:1$에서

$\dfrac{2}{3}a^3:\dfrac{1}{3}a^3-a=3:1$이므로

$a^3-3a=\dfrac{2}{3}a^3$, $a(a+3)(a-3)=0$

$\therefore a=3 \ (\because a>0)$

이때 $b=f(a)=\dfrac{1}{3}\cdot3^3-3=6$이므로

$ab=3\cdot6=18$

수학 영역(공통)

10 정답 ⑤

$g(x) = x^n + 3x - 4$라 하면

$g(1) = 0$이므로

$$f(n) = \lim_{x \to 1} \frac{x^n + 3x - 4}{x - 1} = \lim_{x \to 1} \frac{g(x)}{x - 1} = g'(1)$$

$g'(x) = nx^{n-1} + 3$이므로

$g'(1) = n + 3$

$$\therefore \sum_{n=1}^{10} f(n) = \sum_{n=1}^{10} (n+3) = 85$$

11 정답 25

$\frac{1}{2}x^2 = -x + 10$에서 $x^2 + 2x - 20 = 0$

$$\therefore x = -1 \pm \sqrt{21}$$

곡선 $y = \frac{1}{2}x^2$과 직선 $y = -x + 10$이 제1사분면에서 만나는 점의

x좌표가 $x = -1 + \sqrt{21}$이므로

t의 범위는 $0 < t < -1 + \sqrt{21}$이다.

이때 점 A, B의 y좌표가 같으므로

$-x + 10 = \frac{1}{2}t^2$에서 $x = 10 - \frac{1}{2}t^2$

점 B의 x좌표가 $10 - \frac{1}{2}t^2$이므로

$\overline{AB} = \left(10 - \frac{1}{2}t^2\right) - t$, $\overline{AC} = \frac{1}{2}t^2$

직사각형 ACDB의 넓이를 $f(t)$라 하면

$$f(t) = \overline{AB} \times \overline{AC} = \left(10 - \frac{1}{2}t^2 - t\right) \times \frac{1}{2}t^2$$

$$= -\frac{1}{4}t^4 - \frac{1}{2}t^3 + 5t^2 \ (0 < t < -1 + \sqrt{21})$$

$$f'(t) = -t^3 - \frac{3}{2}t^2 + 10t$$

$$= -\frac{t}{2}(2t - 5)(t + 4) \ (0 < t < -1 + \sqrt{21})$$

$f'(t) = 0$에서 $t = \frac{5}{2} \ (\because t > 0)$

함수 $f(t)$의 증감을 표로 나타내면 다음과 같다.

t	0	$\cdots$	$\frac{5}{2}$	$\cdots$	$-1 + \sqrt{21}$
$f'(t)$		+	0	−	
$f(t)$		↗	극대	↘	

따라서 함수 $f(t)$는 $t = \frac{5}{2}$일 때, 극대이며 최대이다.

$$\therefore 10t = 10 \times \frac{5}{2} = 25$$

12 정답 ⑤

$l : y = ax + b$라 하자.

l이 두 곡선 $y = 2x^2 + 6$, $y = -x^2$에 접하므로

$2x^2 + 6 = ax + b$, $-x^2 = ax + b$에서 판별식=0임을 이용하면

$a^2 - 48 + 8b = 0$, $a^2 - 4b = 0$이고 이를 풀면 $a = 4$, $b = 4 \ (a > 0)$

따라서 직선 l의 방정식이 $y = 4x + 4$이고

두 곡선의 도함수가 $y' = 4x$, $y' = -2x$이며 접선의 기울기가 4이므로 P(1, 8), Q(−2, −4)이다.

따라서 $\overline{PQ} = 3\sqrt{17}$이다.

13 정답 ⑤

$x = a$에서 연속이므로

$f(a) = t - f(a)$ $\therefore f(a) = \frac{t}{2}$

$h(t)$는 $f(a) = \frac{t}{2}$를 만족하는 실수 a의 개수이므로

$h(t) = 3$이려면 $y = \frac{t}{2}$가 $f(x)$의 극댓값, 극솟값 사이에 존재해야 한다.

$f'(x) = 3x^2 + 6x - 9 = 0$에서 $x = -3$ 또는 $x = 1$에서 각각 극댓값과 극솟값을 가진다.

$f(-3) = 27$, $f(1) = -5$이므로

$-5 < \frac{t}{2} < 27$, $-10 < t < 54$

따라서 정수 t의 개수는 63이다.

14 정답 ②

ㄱ. $\lim_{x \to 1^-} \frac{g(x)}{x-1} = \lim_{x \to 1^-} (x-1)f(x) = 0$

ㄴ. $n = 1$이면 $f(x) = x^2 + 1$이므로

$$g(x) = \begin{cases} (x-1)(x^2+1) & (x \geq 1) \\ (x-1)^2(x^2+1) & (x < 1) \end{cases}$$

에서 $g(x) \geq 0$이고 $g(1) = 0$이므로 함수 $g(x)$는 $x = 1$에서 극솟값을 갖는다.

ㄷ. $x > 1$일 때 $g(x) = (x-1)\left(x^2 + \frac{1}{n}\right)$은 증가함수이므로 극점은 없다.

$x < 1$일 때는 $g(x) = (x-1)^2\left(x^2 + \frac{1}{n}\right)$에서

$$g'(x) = 2(x-1)\left(x^2 + \frac{1}{n}\right) + 2x(x-1)^2$$

$$=2(x-1)\left(2x^2-x+\frac{1}{n}\right)$$

$x<1$인 모든 x에 대하여 $2x^2-x+\frac{1}{n}\geq0$이면 극점은 없다.

$2x^2-x+\frac{1}{n}=2\left(x-\frac{1}{4}\right)^2+\frac{1}{n}-\frac{1}{8}\geq0$이고,

$x=\frac{1}{4}$일 때 최솟값 $\frac{1}{n}-\frac{1}{8}$을 가진다.

$\frac{1}{n}-\frac{1}{8}\geq0$, 즉 $n\leq8$이면 함수 $g(x)$의 극점은 한 개뿐이다.

따라서 구하는 자연수 n의 개수는 8이다.

⑮   정답 30

$f(0)=0$이고 주어진 극한의 식에서

$f(1)=1$, $f'(0)=f'(1)-1$이다.

$f(x)=ax^2+bx+c$라 하면 $f'(x)=2ax+b$이므로

$c=0$, $a+b+c=1$, $b=2a+b-1$이고, 연립하면

$\therefore a=\frac{1}{2}$, $b=\frac{1}{2}$, $f'(x)=x+\frac{1}{2}$이므로

따라서 $60\times f'(0)=60\times\frac{1}{2}=30$

⑯   정답 ⑤

$f'(x)=3x^2-8x+a$이고,

$f'(2)=\lim_{h\to0}\dfrac{f(2+h)-f(2)}{h}$이므로,

(준식)$=\lim_{h\to0}\dfrac{f(2+h)-f(2)}{h}\times\dfrac{1}{f(h)}=f'(2)\times\dfrac{1}{f(0)}$

$\qquad=(-4+a)\times\dfrac{1}{6}=1$

$\therefore a=10$

⑰   정답 ③

$[-1,\ 1]$에서 $f(x)=x^3-6x^2+5$이고, $f'(x)=3x^2-12x$이므로, $x=0$에서 극대를 가진다.

즉, $[-1, 1]$에서 $f(x)$의 최댓값: $f(0)=5$

$\qquad\qquad\qquad f(x)$의 최솟값: $f(-1)=-2$

이므로 최대$+$최소 $\neq0$이다.

구간 $[1, 3]$에서 $f(x)=x^2-4x+a$이고,

최솟값은 $f(2)=a-4$이므로,

$f(x)$의 최댓값과 최솟값의 합이 0을 만족해야 하므로

$a-4=-5$에서 $a=-1$ 이다.

$\therefore \lim_{x\to1+}f(x)=\lim_{x\to1+}(x^2-4x-1)=-4$

⑱   정답 ④

함수 $g(x)$는 두 점 $(-1, f(-1))$, $(a, f(a))$를 지나므로,

$g(-1)=f(-1)$, $g(a)=f(a)$이다.

조건 (가)에서 함수 $h(x)$는 모든 x에 대해 미분가능하므로,

$f'(-1)=$ 직선 $g(x)$의 기울기$=f'(a-m)$이고,

$g(a)=f(a-m)+n$이다.

$f(-1)=0$이고, $f'(x)=3x^2-1$에서, $f'(-1)=2$

$f'(-1)=f'(a-m)$이므로,

$f'(x)=f'(-1)=2$에서 $3x^2-1=2$, $x=\pm1$, $\therefore a-m=1$

$g(x)=2x+k$라 두면,

$g(-1)=-2+k=0$, $k=2$이므로 $g(x)=2x+2$이다.

따라서 $g(a)=f(a)$를 만족하므로 $2a+2=a^3-a$,

$a^3-3a-2=0$, $\therefore a=2$

$a-m=1$에서 $m=1$

$g(2)=f(1)+n$에서, $n=6$

$\therefore m+n=7$

⑲   정답 18

$f'(x)=(x^3+x)+(x+3)(3x^2+1)$, $\therefore f'(1)=18$

⑳   정답 9

$f(x)=x^3-5x^2+3x$라 두자.

모든 양수 x에 대해 $f(x)\geq-n$가 성립해야 하므로

$f'(x)=3x^2-10x+3=(3x-1)(x-3)$에서

$x=\frac{1}{3}$, 3에서 각각 극대과 극소를 가진다.

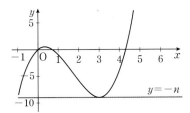

$y=-n$은 $f(x)$의 극솟값인 $f(3)=-9$보다 작거나 같아야 하므로

$\therefore -n\leq-9$, $n\geq9$에서, n의 최솟값$=9$

21   정답 ②

$f'(x)=(3x^2-4x)(ax+1)+(x^3-2x^2+3)\times a$이므로

$f'(0)=3a=15$ ∴ $a=5$

22   정답 ⑤

$f(x)$는 y축 대칭인 우함수이므로 $x=0$에서 극대를 가지고

$x=\pm a$에서 극소를 가진다.

$f'(x)=2x^3+2ax$, $f'(a)=2a^3+2a^2=2a^2(a+1)=0$이므로,

$a=-1$ $(\because a\neq0)$

$f(0)=b=a+8=7$ ∴ $a+b=6$

23   정답 ②

$f(x)$는 $x=a$에서 미분가능하면 그 외 지점에서는 모두 미분가능한 함수이다.

$f(x)$가 $x=a$에서 연속이어야 하므로

$a^2-2a=2a+b$ …… ㉠

$f'(a)$가 존재해야 하므로 $2a-2=2$, $a=2$

$a=2$를 ㉠에 대입하면 $b=-4$ ∴ $a+b=-2$

24   정답 ②

$g(x)$의 개형으로 가능한 경우는 아래 2가지이다.

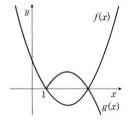 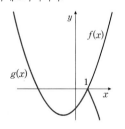

ㄱ. $f(1)=2f(1)-f(1)$이므로 $g(x)$는 $x=1$에서 연속이므로 실수 전체에서 연속이다. (참)

ㄴ. 분모 → 0이므로 분자 → 0에서 $g(-1)=3$, $g(1)=1$

$$\lim_{h\to0+}\left\{\frac{g(-1+h)-g(-1)}{h}-\frac{g(-1-h)-g(-1)}{h}\right\}$$
$$=g'(-1^+)-g'(-1^-)=a$$

$x=-1$에서 미분가능하므로 $a=0$

$f(x)=(x-1)(x-k)+1$에서

$g(-1)=f(-1)=-2\times(-1-k)+1=3$, $k=0$

∴ $g(0)=f(0)=1$ (참)

ㄷ. $x=b$에서 미분가능하면 극한값=0 이므로 $x=b$에서 미분이 불가능하므로 $b=1$이다. $g(1)=3$, $g'(1^+)-g'(1^-)=4$이므로 만족하는 $g(x)$의 개형은 첫 번째 개형이다.

즉, $g'(1^+)=-f'(1)$, $g'(1^-)=f'(1)$

$f(x)=(x-1)(x-k)+3$이라 두면, $f'(1)=1-k$이므로

$-2f'(1)=4\Rightarrow k=3$

∴ $g(4)=2f(1)-f(4)=0$ (거짓)

25   정답 6

$f(1)=a+2$, $f'(1)=8$이므로

$(1, f(1))$에서의 접선은 $y=8(x-1)+f(1)=8x+a-6$

접선이 $(0, 0)$을 지나므로 ∴ $a=6$

적분

01 정답 28

$f'(x)-g'(x)=6x^2-2x$이므로

$f(x)-g(x)=2x^3-x^2+C$이다.

$y=f(x)$와 $y=g(x)$가 서로 다른 두 점에서 만나므로

방정식 $f(x)-g(x)=0$은 서로 다른 두 실근을 갖는다.

이때 $f(x)-g(x)$는 삼차함수이고, 방정식 $f(x)-g(x)=0$이 서로

다른 두 실근을 갖기 위해서는 아래 그림과 같이

함수 $f(x)-g(x)$의 (극솟값)$=0$ 또는 (극댓값)$=0$이어야 한다.

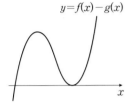 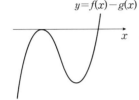

$f'(x)-g'(x)=2x(3x-1)=0$에서 $x=0$ 또는 $x=\dfrac{1}{3}$이므로

$f(0)-g(0)=C=0$ 또는 $f\left(\dfrac{1}{3}\right)-g\left(\dfrac{1}{3}\right)=\dfrac{2}{27}-\dfrac{1}{9}+C=0$

즉, $C=0$ 또는 $C=\dfrac{1}{27}$이므로

$\dfrac{q}{p}=0+\dfrac{1}{27}=\dfrac{1}{27}$

따라서 $p=27$, $q=1$이므로 $p+q=28$

02 정답 ②

$-\dfrac{1}{4^n}(x-n)(x-n-1)$에 $n=0$을 대입하면 $-x(x-1)$이므로

음이 아닌 정수 n에 대하여

$f(x)=-\dfrac{1}{4^n}(x-n)(x-n-1)\,(n\le x<n+1)$

이다. 이때, $a_n=\displaystyle\int_n^{n+1}f(x)dx$ 라 하면

$S_n=\displaystyle\int_0^{n+1}f(x)dx=\int_0^1 f(x)dx+\int_1^2 f(x)dx+\cdots+\int_n^{n+1}f(x)dx$

$\quad=a_0+a_1+\cdots+a_n$

$\quad=\displaystyle\sum_{i=0}^{n}a_i$

그런데

$a_n=\displaystyle\int_n^{n+1}\left\{-\dfrac{1}{4^n}(x-n)(x-n-1)\right\}dx$

$\quad=\dfrac{1}{6}\cdot\dfrac{1}{4^n}\left(\because \int_\alpha^\beta a(x-\alpha)(x-\beta)=-\dfrac{a}{6}(\beta-\alpha)^3\right)$

이므로 S_n은 첫항 $\dfrac{1}{6}$, 공비 $\dfrac{1}{4}$인 등비수열의 합이다.

$\displaystyle\lim_{n\to\infty}S_n=\sum_{n=0}^{\infty}a_n=\sum_{n=0}^{\infty}\dfrac{1}{6}\cdot\dfrac{1}{4^n}=\dfrac{\frac{1}{6}}{1-\frac{1}{4}}=\dfrac{2}{9}$

03 정답 ⑤

$f(x)=\displaystyle\int_1^x (x^2-t)dt=\left[x^2t-\dfrac{1}{2}t^2\right]_1^x$

$\quad=x^2(x-1)-\dfrac{1}{2}(x^2-1)$

$\quad=x^3-\dfrac{3}{2}x^2+\dfrac{1}{2}$

$\therefore f'(x)=3x^2-3x$

$f'(x)=6$에서 $x^2-x-2=0$이므로

$x=-1$ 또는 $x=2$

이때 $f(-1)=-1-\dfrac{3}{2}+\dfrac{1}{2}=-2$,

$f(2)=8-6+\dfrac{1}{2}=\dfrac{5}{2}$이므로 함수 $f(x)$에 접하고, 기울기가 6인

직선의 방정식은

$y=6(x+1)-2=6x+4$ 또는

$y=6(x-2)+\dfrac{5}{2}=6x-\dfrac{19}{2}$

따라서 양수 k의 값은 $\dfrac{19}{2}$이다.

04 정답 ⑤

$f'(x)=4x(x-1)(x+1)$이므로

함수 $f(x)$는 $x=1$, $x=-1$에서 극솟값을 갖고

$x=0$에서 극댓값을 갖는다.

$\therefore f(x)=x^4-2x^2+k$

따라서 함수 $f(x)$의 그래프는 y축에 대하여 대칭이고, 함수

$y=f(x)$와 직선 $y=k$로 둘러싸인 부분은 다음과 같다.

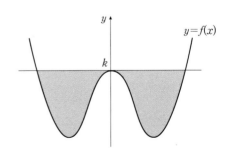

이때 $x^4-2x^2+k=k$에서 $x^2(x-\sqrt{2})(x+\sqrt{2})=0$이므로 구하는

넓이는

$\displaystyle\int_{-\sqrt{2}}^{\sqrt{2}}(2x^2-x^4)dx=2\int_0^{\sqrt{2}}(2x^2-x^4)dx$

$\quad=2\left[\dfrac{2}{3}x^3-\dfrac{1}{5}x^5\right]_0^{\sqrt{2}}$

$\quad=2\left(\dfrac{4\sqrt{2}}{3}-\dfrac{4\sqrt{2}}{5}\right)$

$\quad=\dfrac{16\sqrt{2}}{15}$

05 정답 29

조건 (가), (나)에서 함수 $y=f(x)$의 그래프는 y축과 직선 $x=1$에 대하여 대칭이다.

따라서 함수 $y=f(x)$의 그래프는 다음 그림과 같이 2를 주기로 같은 모양이 반복된다.

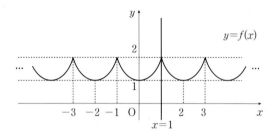

$$\therefore \int_{-n}^{n} f(x)\,dx = n\times\int_{-1}^{1}(x^2+1)\,dx = 2n\times\int_{0}^{1}(x^2+1)\,dx$$

$$= 2n\times\left[\frac{x^3}{3}+x\right]_{0}^{1} = \frac{8}{3}n$$

$$\therefore \sum_{k=1}^{n} ka_k = \frac{8}{3}n$$

따라서 $n\geq 2$일 때,

$na_n = \sum_{k=1}^{n} ka_k - \sum_{k=1}^{n-1} ka_k = \frac{8}{3}$ 이므로 $a_n = \frac{8}{3}\times\frac{1}{n}$

$a_7 = \frac{1}{7}\times\frac{8}{3} = \frac{8}{21}$

따라서 $p=21$, $q=8$이므로

$p+q=29$

06 정답 ⑤

곡선 $y=g(x)$는 곡선 $y=f(x)$를 x축의 방향으로 2만큼 평행이동시킨 것이고, 곡선 $y=f(x)$가 x축과 $x=0$, $x=4$일 때 만나므로 곡선 $y=g(x)$는 x축과 $x=2$, $x=6$일 때 만난다.

따라서 두 곡선 $y=f(x)$와 $y=g(x)$는 직선 $x=\dfrac{4+2}{2}=3$에서 대칭이므로 두 곡선의 교점의 x좌표는 3이고 $S_1=S_3$이다.

$$\int_{0}^{3} f(x)\,dx = \int_{0}^{3}(-x^2+4x)\,dx = \left[-\frac{x^3}{3}+2x^2\right]_{0}^{3} = 9$$

$$\int_{3}^{4} f(x)\,dx = \int_{3}^{4}(-x^2+4x)\,dx = \left[-\frac{x^3}{3}+2x^2\right]_{3}^{4} = \frac{5}{3}$$

$$\int_{2}^{3} g(x)\,dx = \int_{3}^{4} f(x)\,dx$$이므로

$$S_1 = \int_{0}^{3} f(x)\,dx - \int_{2}^{3} g(x)\,dx = 9-\frac{5}{3} = \frac{22}{3}$$

$$S_2 = \int_{2}^{3} g(x)\,dx + \int_{3}^{4} f(x)\,dx = 2\times\frac{5}{3} = \frac{10}{3}$$

$$\therefore \frac{S_2}{S_1+S_3} = \frac{\frac{10}{3}}{2\times\frac{22}{3}} = \frac{5}{22}$$

07 정답 250

조건 (가)에서 $\displaystyle\int_{0}^{x} t^2 f'(t)\,dt = \frac{3}{2}x^4+kx^3$이 모든 실수 x에 대하여 성립하므로 양변을 x에 대하여 미분하면

$x^2 f'(x) = 6x^3+3kx^2$

위의 식은 모든 실수 x에 대하여 성립하므로

$f'(x) = 6x+3k$

또 조건 (나)에 의하여 함수 $f(x)$가 $x=1$에서 극솟값 7을 갖고, 함수 $f(x)$가 다항함수이므로 $f'(1)=0$, $f(1)=7$

$f'(1) = 6+3k=0$에서 $k=-2$

즉, $f'(x) = 6x-6$이므로

$f(x) = \int(6x-6)\,dx = 3x^2-6x+C$ (C는 적분상수)

조건 (나)에서 $f(1) = 3-6+C=7$에서 $C=10$

따라서 $f(x) = 3x^2-6x+10$이므로

$f(10) = 3\cdot 10^2 - 6\cdot 10 + 10 = 250$

08 정답 ④

α, β는

방정식 $x^3+4x^2-6x+5 = x^3+5x^2-9x+6$의 두 근이므로

$x^2-3x+1=0$에서 $\alpha+\beta=3$, $\alpha\beta=1$.

$(\beta-\alpha)^2 = (\beta+\alpha)^2-4\alpha\beta = 9-4 = 5$이므로

$\therefore \beta-\alpha = \sqrt{5}$ ($\because \alpha<\beta$)

$x^2 = 3x-1$에서

$x^4 = (3x-1)^2 = 9x^2-6x+1$

$\quad = 9(3x-1)-6x+1 = 21x-8$

$x^6 = x^2 x^4 = (3x-1)(21x-8) = 63x^2-45x+8$

$\quad = 63(3x-1)-45x+8 = 144x-55$이므로

$\alpha^2 = 3\alpha-1$,

$\alpha^4 = 21\alpha-8$,

$\alpha^6 = 144\alpha-55$이다.

β의 경우도 α와 같으므로

$$S = \int_{\alpha}^{\beta}(6x^5+4x^3+1)\,dx = \left[x^6+x^4+x\right]_{\alpha}^{\beta}$$

$$= (\beta^6-\alpha^6)+(\beta^4-\alpha^4)+(\beta-\alpha)$$

$$= 166(\beta-\alpha) = 166\sqrt{5}$$

$\therefore a=166$

09 정답 ①

(가)로부터 $y=f(x)$는 $f(a)=0$이고,

점 $(a, f(a))$에 대하여 대칭인 곡선이다.

(나)에서 $f(a)=f(0)=f(2a)=0$이므로

$$f(x)=x(x-a)(x-2a)=(x-a)^3-a^2(x-a)$$

(다)에서

$$\int_0^a f(x)dx=\left[\frac{1}{4}(x-a)^4-\frac{a^2}{2}(x-a)^2\right]_0^a=\frac{a^4}{4}=144$$

$$\therefore a=2\sqrt{6}$$

10 정답 17

함수 $f(x)$는 모든 실수 x에 대하여

연속이므로

$$f(1)=\lim_{x\to 1}f(x)$$

즉 $2+a=a^2$에서 $a=2$

$y=f(x)$의 그래프는 오른쪽 그림

과 같다.

따라서 구하는 넓이는

$$S=3\int_0^1(2x^2+2x)dx+3\times 4$$

$$=3\left[\frac{2}{3}x^3+x^2\right]_0^1+12$$

$$=5+12$$

$$=17$$

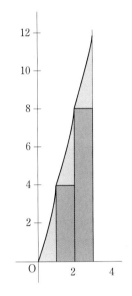

11 정답 ④

함수 $g(x)$는 기울기가 $\dfrac{f(4)-f(1)}{3}$인 직선이므로 역함수가 존재

하려면 그래프가 아래 그림과 같이 $1\le k$, $f(1)<f(4)$이어야 한다.

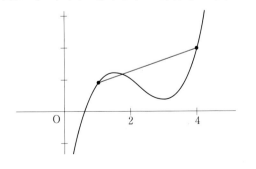

$f'(x)=3(x-k)(x-2k)$이므로

$$f(x)=x^3-\frac{9}{2}kx^2+6k^2x+C \ (C\text{는 적분상수})$$

이때 $f(4)-f(1)>0$이므로

$$f(4)-f(1)=(64-72k+24k^2)-\left(1-\frac{9}{2}k+6k^2\right)$$

$$=18k^2-\frac{135}{2}k+63$$

$$=\frac{9}{2}(4k^2-15k+14)$$

$$=\frac{9}{2}(k-2)(4k-7)>0$$

따라서 $1\le k<\dfrac{7}{4}$이므로 $\beta-\alpha=\dfrac{3}{4}$

12 정답 21

주어진 조건으로부터 $y=f(x)$는 그림과 같이 $x=-2$, $x=1$일 때

각각 극솟값 $f(-2)=k$, $f(1)=30$을 갖는다. 또한 $f'(0)=0$이다.

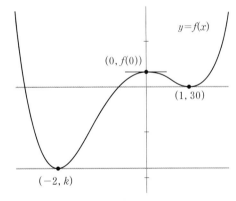

이때 사차함수 $f(x)$의 최고차항의 계수가 1이고,

$f'(x)=0$의 근은 $x=-2$ 또는 $x=0$ 또는 $x=1$이므로

$$f'(x)=4x(x+2)(x-1)=4x^3+4x^2-8x$$

$$f(x)=\int f'(x)dx=x^4+\frac{4}{3}x^3-4x^2+C \ (C\text{는 적분상수})$$

$f(1)=1+\dfrac{4}{3}-4+C=30$에서 $C=\dfrac{95}{3}$

따라서 $f(x)=x^4+\dfrac{4}{3}x^3-4x^2+\dfrac{95}{3}$이므로

$$k=f(-2)=16-\frac{32}{3}-16+\frac{95}{3}=21$$

정답 ⑤

$f(x) = x^4 + \frac{1}{2}ax^2 + C$ (C는 적분상수)라 하자.

$f(0) = C = -2$

$f(1) = 1 + \frac{1}{2}a - 2 = 1$, 따라서 $a = 4$

$f(x) = x^4 + 2x^2 - 2$이므로 $\therefore f(2) = 22$

14 **정답** ②

$x_1 = \int v_1(t)dt = t^3 - 3t^2$　$x_2 = \int v_2(t)dt = t^2$

$t = a$에서 두 점이 만나므로, $a^3 - 3a^2 = a^2$에서, $a = 4$

$\therefore \int_0^4 |v_1(t)|dt = \int_0^2 (6t - 3t^2)dt + \int_2^4 (3t^2 - 6t)dt$

$\qquad = [3t^2 - t^3]_0^2 + [t^3 - 3t^2]_2^4 = 24$

15 **정답** 290

a의 범위에 따라 $x = 3$, $x = -3$으로 둘러싸인 함수가 다르므로 경우를 나눈다.

1) $a \geq 3$일 때,

$2 \times \int_0^3 \frac{3}{a}x^2 dx = 2 \times \left[\frac{1}{a}x^3\right]_0^3 = \frac{54}{a} = 8$

$\therefore a = \frac{27}{4}$

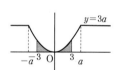

2) $a < 3$일 때,

$2 \times \int_0^a \frac{3}{a}x^2 dx + 2 \times (3-a) \times 3a$

$= 2 \times \left[\frac{1}{a}x^3\right]_0^a + 18a - 6a^2 = 8$

$4a^2 - 18a + 8 = 0$, $\therefore a = \frac{1}{2}$

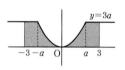

$\therefore 40S = 40 \times \left(\frac{27}{4} + \frac{1}{2}\right) = 290$

16 **정답** 56

$g(x) = (x-2)\int_0^x f(s)ds$에서, $g(0) = 0$, $g(2) = 0$이므로,
$g(x)$는 $y = 0$, $y = 2x$를 기점으로 교점 개수가 달라져야 한다.
또한, $g(x)$는 3차함수이므로, $g(x) = 0$는 서로 다른 세실근을 가지거나, 중근1개와 다른 한 실근을 가진다.

1) $g(x) = 0$이 세 실근을 가질 때, 최고차항 계수가 양수, 음수일 때 모두 아래 그림과 같이 $t = -2$ 또는 $t = a$에서 연속이므로 만족하는 개형은 존재하지 않는다.

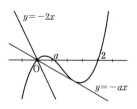

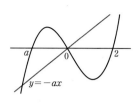

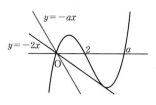

2) $g(x) = 0$이 한 중근과 다른 한 실근을 가질 때,

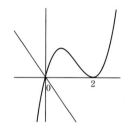

직선 기울기를 변화시켜도 교점 개수가 달라지지 않으므로 조건을 만족하지 않는다.

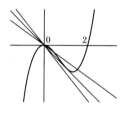

$y = -2x$가 $g(x)$와 접한다면, 기울기 -2 근처에서 직선과 $g(x)$의 교점 개수가 바뀌므로 조건을 만족한다.
$g(x) = px^2(x-2)$라 두면,
$g(x) = -2x$는 한 중근과 다른 한 실근을 가진다.

즉, $g(x) + 2x = px^2(x-2) + 2x = x(px^2 - 2px + 2)$에서,
$px^2 - 2px + 2$는 완전제곱식이어야 하므로, $p = 2$이다.
$\therefore g(x) = 2x^2(x-2)$, $g(4) = 64$

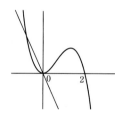

직선 기울기를 변화시켜도 교점 개수가 달라지지 않으므로 조건을 만족하지 않는다.

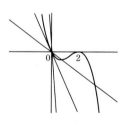

$x = 0$에서의 접선 기울기가 -2인 경우 기울기 -2 근처에서 직선과 $g(x)$의 교점 개수가 바뀌므로 조건을 만족한다.
$g(x) = px(x-2)^2$
$g'(0) = -2$,
$g'(x) = p(x-2)^2 + 2px(x-2)$,
$g'(0) = 4p = -2$, $p = -\frac{1}{2}$
$\therefore g(x) = -\frac{1}{2}x(x-2)^2$, $g(4) = -8$

따라서 모든 $g(4)$ 값의 합은 $\therefore 64 - 8 = 56$

(17) 정답 ②

(나)에서 $x>0$일 때, $f'(x)>0$인 x는 $1<x<3$이므로,

$0<x<1$, $x>3$에서 $f'(x)<0$이다. $x<0$일 때, 모든 x에 대해서 $f'(x)\geq 0$이므로 $f'(x)=px(x-1)(x-3)$ $(p<0)$이다.

즉, $f'(4)=12p=-24$, $p=-2$

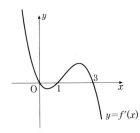

$f'(x)=-2x^3+8x^2-6x$

$f(x)=-\dfrac{1}{2}x^4+\dfrac{8}{3}x^3-3x^2+2$ $(\because f(0)=2)$

$\therefore f(2)=-8+\dfrac{64}{3}-12+2=\dfrac{10}{3}$

(18) 정답 10

두 곡선이 만나는 지점은

$x^3+2x=3x+6 \Rightarrow x^3-x-6=(x-2)(x^2+2x+3)=0$

에서 $x=2$이다. 즉 두 곡선과 y축으로 둘러싸인 부분의 넓이는

$\left|\displaystyle\int_0^1 x^3+2x-(3x+6)dx\right|=\left|\left\{\dfrac{1}{4}x^4-\dfrac{1}{2}x^2-6x\right\}_0^2\right|$

$=|4-2-12|=10$

$\therefore 10$

(19) 정답 14

$y=v(t)=0$ 을 만족하는 두 t의 값을 각각 t_1, t_2라 두자.

$s(k)=\displaystyle\int |v(t)|dt$, $x(k)=\displaystyle\int v(t)dt$이고

(가), (나)에서 $k\geq 3$에서 $s(k)-x(k)=8$로 항상 일정하므로

$k\geq 3$에서 $s(k)-x(k)=\displaystyle\int_{t_1}^{t_2}-2v(t)\,dt=8$이고 $t_2=3$이다.

이 때 $\displaystyle\int_{t_1}^{t_2}-2v(t)dt$는 아래 그림과 같이 색칠한 면적의 2배이므로

$(t_3-t_1)\times 4=8$에서 $t_3-t_1=2$이므로 $t_1=1$이다.

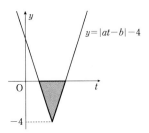

따라서 $\displaystyle\int_1^6 v(t)dt$는 아래 그림과 같이 색칠한 부분의 정적분 값이고 닮음에 의해 $v(6)=12$이므로 $\displaystyle\int_1^6 v(t)dt=\dfrac{1}{2}\times(3\times 12-2\times 4)=14$이다.

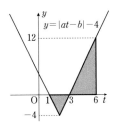

(20) 정답 11

$g(x)=\begin{cases}1 & (f(x)\leq 1)\\ 2f(x)-1 & (f(x)>1)\end{cases}$ 이고 $f(1)=1$, $f'(1)=0$이므로

$g(x)=f(x)$의 교점은 $f(x)=1$의 교점과 같다.

$f(x)=1$을 만족하는 x좌표를 1, k라 하면 $1+k=3\rightarrow k=2$,

$\therefore f(x)=p(x-1)^2(x-2)+1$

즉, 가능한 $f(x)$, $g(x)$는 아래와 같이 $p>0$인 경우, $p<0$인 경우 총 2가지 개형이다.

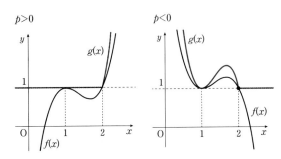

(나) $n<\displaystyle\int_0^n g(x)dx<n+16$에서 $n=\displaystyle\int_0^n 1dx$이므로 $0<\displaystyle\int_0^n\{(g(x)-1)\}dx<16$을 만족하고, 모든 자연수 n에 대해 적분값이 제한된 범위에서 존재하려면 두 번째 개형이므로 $p<0$이다.

즉, $\displaystyle\int_0^2(f(x)-1)dx=\displaystyle\int_0^2 p(x-1)^2(x-2)dx=-\dfrac{4}{3}p<16$

$\therefore -12<p<0$, 11개

(좌측 라벨: 경우의 수와 확률 / 통계)

경우의 수와 확률

01 정답 ⑤

갑이 당첨될 확률은 $P(A)=\dfrac{2}{5}$

을이 당첨될 확률은

(i) 갑이 당첨됐을 경우

$$P(A\cap B)=\dfrac{2}{5}\times\dfrac{1}{4}=\dfrac{1}{10}$$

(ii) 갑이 당첨되지 않았을 경우

$$P(A^c\cap B)=\dfrac{3}{5}\times\dfrac{2}{4}=\dfrac{3}{10}$$

$$\therefore\ P(B)=\dfrac{1}{10}+\dfrac{3}{10}=\dfrac{2}{5}$$

ㄱ. $P(A)=P(B)=\dfrac{2}{5}$ (참)

ㄴ. $P(B|A)=\dfrac{P(A\cap B)}{P(A)}=\dfrac{\frac{1}{10}}{\frac{2}{5}}=\dfrac{1}{4}$,

$P(B|A^c)=\dfrac{P(A^c\cap B)}{P(A^c)}=\dfrac{\frac{3}{10}}{\frac{3}{5}}=\dfrac{1}{2}$ 이므로

$P(B|A)<P(B|A^c)$ (거짓)

ㄷ. $P(B|A)=\dfrac{P(A\cap B)}{P(A)}$, $P(A|B)=\dfrac{P(A\cap B)}{P(B)}$ 이고

$P(A)=P(B)$ 이므로 $P(B|A)=P(A|B)$ (참)

따라서 옳은 것은 ㄱ, ㄷ이다.

02 정답 ④

5개의 과일을 4사람에게 나누어 주는 전체 경우의 수는 과일을 네 묶음으로 분할한 뒤 네 사람에게 분배하는 경우의 수와 같다.

과일 5개를 2개, 1개, 1개, 1개로 분할하는 방법의 수는

$$_5C_2\times{_3C_1}\times{_2C_1}\times{_1C_1}\times\dfrac{1}{3!}$$

이고, 이를 다시 4사람에게 분배하는 방법의 수는

$$_5C_2\times{_3C_1}\times{_2C_1}\times{_1C_1}\times\dfrac{1}{3!}\times4!$$

2개의 과일을 받은 학생이 같은 종류의 과일을 받는 경우의 수는

㉠ 과일 2개를 받은 학생의 수는 4가지(학생 4명)

㉡ 과일의 종류: 사과로써 같을 때, 복숭아로써 같을 때

㉢ ㉠, ㉡이 결정될 때 나머지 3개의 과일이 나머지 3학생에게 나누어 줄 수 있는 경우의 수는 3!

따라서 2개의 과일을 받은 학생이 같은 종류의 과일을 받는 경우의 수는

$$4\times{_3C_2}\times3!+4\times{_2C_2}\times3!$$

(∵ 사과 2개가 한 학생에게 분배되는 모든 경우의 수는 $4\times{_3C_2}\times3!$이고, 복숭아 2개가 한 학생에게 분배되는 모든 경우의 수는 $4\times{_2C_2}\times3!$)

따라서 구하는 확률은

$$\dfrac{4\times{_3C_2}\times3!+4\times{_2C_2}\times3!}{_5C_2\times{_3C_1}\times{_2C_1}\times{_1C_1}\times\frac{1}{3!}\times4!}=\dfrac{2}{5}$$

03 정답 ④

조건 (다)에 의해서 사건 A와 B는 서로 독립이다.

$P(A\cap B)=P(A)\cdot P(B)=\dfrac{1}{2}\cdot\dfrac{1}{3}=\dfrac{1}{6}$ 이므로

$P(A\cup B)=P(A)+P(B)-P(A\cap B)=\dfrac{1}{2}+\dfrac{1}{3}-\dfrac{1}{6}=\dfrac{2}{3}$

조건 (가), (나)에 맞게 벤다이어그램을 그리면 다음과 같다.

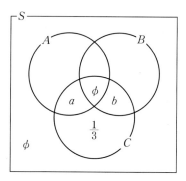

조건 (가)에 의해서

$(A\cup B)^c=C-(A\cup B)=1-\dfrac{2}{3}=\dfrac{1}{3}$ 이고

조건 (나)에 의해서

$P(A \cap C) + P(B \cap C) = \dfrac{2}{3} - \dfrac{1}{3} = \dfrac{1}{3}$ 이므로

$P(A|C) + P(B|C) = \dfrac{P(A \cap C) + P(B \cap C)}{P(C)} = \dfrac{\frac{1}{3}}{\frac{2}{3}} = \dfrac{1}{2}$

  정답 ④

정보 x가 1의 송신 신호로 바뀌는 사건을 A라 하고 송신 신호가 수신 신호 1로 전송되는 사건을 B라 할 때, 구하는 확률은 $P(A|B)$이다.

주어진 조건에 의해서

$P(A^C) = 0.4 = \dfrac{2}{5}$, $P(A) = 0.6 = \dfrac{3}{5}$

$P(B|A^C) = 0.05 = \dfrac{1}{20}$, $P(B|A) = 0.95 = \dfrac{19}{20}$

이므로

$P(A|B) = \dfrac{P(A \cap B)}{P(B)} = \dfrac{P(A \cap B)}{P(A \cap B) + P(A^C \cap B)}$

$\qquad = \dfrac{P(A)P(B|A)}{P(A)P(B|A) + P(A^C)P(B|A^C)}$

$\qquad = \dfrac{\frac{3}{5} \times \frac{19}{20}}{\frac{3}{5} \times \frac{19}{20} + \frac{2}{5} \times \frac{1}{20}}$

$\qquad = \dfrac{57}{59}$

05 **정답** ④

정회원을 A, B라 하고 준회원을 C, D라 하자.

A, B, C, D가 받는 사은품의 개수를 각각 a, b, c, d라 하면 구하는 방법의 수는

$a \geq 2$, $b \geq 2$, $c \geq 1$, $d \geq 1$, $a+b+c+d = 10$ ...... ㉠

를 만족하는 자연수 a, b, c, d의 순서쌍의 해의 개수와 같다.

$a+b+c+d=10$에서

$a'+2=a$, $b'+2=b$, $c'+1=c$, $d'+1=d$ (단, a', b', c', $d' \geq 0$)

라 하면 ㉠을 만족하는 자연수 a', b', c', d'의 순서쌍의 개수는 $a'+b'+c'+d'=4$를 만족하는 음이 아닌 정수해의 개수와 같다.

따라서 구하는 방법의 수는

${}_4H_4 = {}_7C_4 = {}_7C_3 = \dfrac{7 \times 6 \times 5}{3 \times 2 \times 1} = 35$

06 **정답** 160

$\left(x^2 + \dfrac{2}{x}\right)^6$의 전개식의 일반항은

${}_6C_k(x^2)^k\left(\dfrac{2}{x}\right)^{6-k} = {}_6C_k 2^{6-k} \cdot x^{3k-6}$

$3k-6=3$에서 $k=3$이므로

구하는 x^3의 계수는

${}_6C_3 \times 2^3 = 160$

07 **정답** ④

전체 문자열의 개수는 ${}_7\Pi_3 = 7^3 \; 7 \times 7 \times 7 = 343$

e가 포함되지 않은 문자열의 개수는 $6 \times 6 \times 6 = 216$

문자열에 e를 반드시 포함하는 사건은 문자열이 e를 포함하지 않는 사건의 여사건이므로 여사건의 확률에 의하여 구하는 확률은

$1 - \dfrac{216}{343} = \dfrac{127}{343}$

08 **정답** 182

가위바위보를 한 번 할 때,

지호가 사탕을 2개 받는 경우는 가위바위보에서 이긴 경우이므로 확률은 $\dfrac{1}{3}$이고

사탕을 1개 받는 경우는 가위바위보에서 비기거나 지는 경우이므로 확률은 $\dfrac{2}{3}$이다.

게임에서 사탕을 2번 받는 횟수를 a, 1번 받는 횟수를 b라 할 때, $2a+b=5$에서 $(a, b) = (2, 1), (1, 3), (0, 5)$이다.

(i) $(a, b) = (2, 1)$인 경우의 확률은

$\quad {}_3C_2\left(\dfrac{1}{3}\right)^2\left(\dfrac{2}{3}\right) = \dfrac{2}{9}$

(ii) $(a, b) = (1, 3)$인 경우의 확률은

$\quad {}_4C_1\left(\dfrac{1}{3}\right)\left(\dfrac{2}{3}\right)^3 = \dfrac{32}{81}$

(iii) $(a, b) = (0, 5)$인 경우의 확률은

$\quad {}_5C_0\left(\dfrac{2}{3}\right)^5 = \dfrac{32}{243}$

(i), (ii), (iii)에서 구하는 확률은

$\dfrac{2}{9} + \dfrac{32}{81} + \dfrac{32}{243} = \dfrac{182}{243}$

09

정답 ②

도로망을 따라 A지점에서 출발하여 B지점까지 최단거리로 갈 때, 그림의 P_1, P_2, P_3 지점 중 어느 한 지점을 지난다.

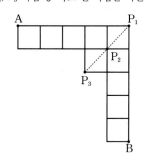

(i) A → P_1 → B인 경로로 이동하는 경우

A지점에서 P_1지점까지 최단거리로 가는 경우의 수는 1,

P_1지점에서 B지점까지 최단거리로 가는 경우의 수는 1이므로

이때의 경우의 수는 $1 \times 1 = 1$이다.

(ii) A → P_2 → B인 경로로 이동하는 경우

A지점에서 P_2지점까지 최단거리로 가는 경우의 수는 $\dfrac{5!}{4!}$,

P_2지점에서 B지점까지 최단거리로 가는 경우의 수는 $\dfrac{5!}{4!}$

이므로 이때의 경우의 수는 $\dfrac{5!}{4!} \times \dfrac{5!}{4!} = 25$이다.

(iii) A → P_3 → B인 경로로 이동하는 경우

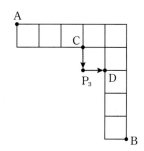

A지점에서 P_3지점까지 최단거리로 가는 경우의 수는

A지점에서 C지점까지 최단거리로 가는 경우의 수 $\dfrac{4!}{3!}$이다.

또 P_3지점에서 B지점까지 최단거리로 가는 경우의 수는

D지점에서 B지점까지 최단거리로 가는 경우의 수 $\dfrac{4!}{3!}$이다.

이때의 경우의 수는 $\dfrac{4!}{3!} \times \dfrac{4!}{3!} = 16$이다.

(i), (ii), (iii)의 경우는 동시에 일어나지 않으므로 구하는 경우의 수는 $1 + 25 + 16 = 42$이다.

10

정답 251

주사위를 한 번 던질 때, 3의 배수의 눈이 나올 확률은

$\dfrac{2}{6} = \dfrac{1}{3}$이고 3의 배수가 아닌 눈이 나올 확률은 $1 - \dfrac{1}{3} = \dfrac{2}{3}$이다.

따라서 주사위를 한 번 던질 때,

주머니 A에서 공을 꺼낼 확률은 $\dfrac{1}{3}$이고

주머니 B에서 공을 꺼낼 확률은 $\dfrac{2}{3}$이다.

주어진 조건을 만족시키는 경우는

주머니 A에서 흰 구슬을 1개씩 2번 꺼내고,

주머니 B에서 검은 구슬을 1개씩 2번 꺼내야 하므로

주사위 4번을 던지는 시행 중 주머니 A와 B에서 각각 2개씩의 구슬을 꺼낼 확률은

$_4C_2 \left(\dfrac{1}{3}\right)^2 \left(\dfrac{2}{3}\right)^2 = \dfrac{8}{27}$

주머니 A에서 공을 꺼내는 두 번의 시행에서 모두 흰 구슬을 꺼낼 확률은

$\dfrac{2}{3} \times \dfrac{1}{2} = \dfrac{1}{3}$

주머니 B에서 공을 꺼내는 두 번의 시행에서 모두 검은 구슬을 꺼낼 확률은

$\dfrac{2}{3} \times \dfrac{1}{2} = \dfrac{1}{3}$

따라서 구하는 확률은

$\dfrac{8}{27} \times \dfrac{1}{3} \times \dfrac{1}{3} = \dfrac{8}{243}$

이므로 $p = 243$, $q = 8$

$\therefore p + q = 251$

11

정답 10

(i) 첫 번째 꺼낸 공과 두 번째 꺼낸 공이 모두 흰 공일 확률은

$\dfrac{_2C_1}{_5C_1} \times \dfrac{_1C_1}{_4C_1} = \dfrac{1}{10}$

(ii) 첫 번째 꺼낸 공이 검은 공이고 두 번째 꺼낸 공이 흰 공일 확률은

$\dfrac{_3C_1}{_5C_1} \times \dfrac{_2C_1}{_4C_1} = \dfrac{3}{10}$

(i), (ii)에 의하여

$p = \dfrac{\dfrac{1}{10}}{\dfrac{1}{10} + \dfrac{3}{10}} = \dfrac{1}{4}$

$\therefore 40p = 10$

12 정답 121

5 이상의 눈이 나오는 횟수를 X라 하면 4 이하의 눈이 나오는 횟수는 $5-X$이므로 점 A의 위치는 $2X-2(5-X)=4X-10$이고 점 B의 위치는 $-X+(5-X)=5-2X$이다.

이때, 두 점 A, B 사이의 거리는

$|(4X-10)-(5-2X)|=|6X-15|$

이다.

$|6X-15|\leq3$에서

$-3\leq6X-15\leq3$, 즉 $2\leq X\leq3$이므로

$X=2$ 또는 $X=3$

따라서 두 점 A, B 사이의 거리가 3 이하가 될 확률은

$_5C_2\left(\frac{1}{3}\right)^2\left(\frac{2}{3}\right)^3+_5C_3\left(\frac{1}{3}\right)^3\left(\frac{2}{3}\right)^2=\frac{40}{81}$

이므로 $p=81$, $q=40$

$\therefore p+q=121$

13 정답 ③

구하는 확률은 정의역 X, 공역 Y에 대하여 $n(X)=6$, $n(Y)=3$일 때, X에서 Y로의 함수 중에서 치역과 공역이 같은 함수일 확률과 같다.

따라서 $\dfrac{3^6-_3C_2\cdot2^6+_3C_1\cdot1^6}{3^6}=\dfrac{20}{27}$ 이다.

14 정답 ④

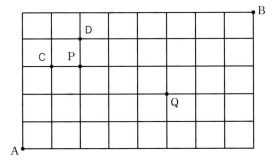

전체 경로 중 불가능한 경로를 제거하자

A → B 까지 가는 전체 경로는 $_{13}C_5=1287$

불가능한 경로는

A−Q−B의 경우의 수는 $_7C_2\cdot_6C_3=420$

A−C−P−D의 경우의 수는 $_4C_1\cdot_7C_1=28$

$\therefore 1287-420-28=839$

15 정답 ①

$P(B|A)-P(B|A^c)=\dfrac{P(B\cap A)}{P(A)}-\dfrac{P(B\cap A^c)}{P(A^c)}=\dfrac{1}{3}-\dfrac{2}{3}=-\dfrac{1}{3}$

16 정답 ④

꺼낸 볼펜, 연필, 지우개의 개수를 각각 a, b, c라 하면, 구하는 경우의 수는

$a+b+c=8 \ (0\leq a, b, c\leq6)$

을 만족하는 정수 a, b, c의 순서쌍 (a, b, c)의 개수이다.

$a+b+c=8 \ (0\leq a, b, c\leq8)$인 경우의 수는 $_3H_8$

여기서 제외할 경우의 수는

$a=7$인 경우의 수는 2가지,

$a=8$인 경우의 수는 1가지

b, c의 경우도 a와 동일하게 3가지를 제외해야 하므로

$\therefore _3H_8-9=36$

17 정답 28

p(세 수의 곱이 짝수)$=1-p$(세 수가 모두 홀수)

$=1-\dfrac{_3C_3}{_6C_3}=\dfrac{19}{20}$

p(홀, 홀, 짝)$=\dfrac{3}{6}\times\dfrac{2}{5}\times\dfrac{3}{4}=\dfrac{3}{20}$

p(홀, 짝, 홀)$=\dfrac{3}{6}\times\dfrac{3}{5}\times\dfrac{2}{4}=\dfrac{3}{20}$

p(홀, 짝, 짝)$=\dfrac{3}{6}\times\dfrac{3}{5}\times\dfrac{2}{4}=\dfrac{3}{20}$

따라서 구하는 확률은

$\dfrac{\dfrac{3}{20}+\dfrac{3}{20}+\dfrac{3}{20}}{\dfrac{19}{20}}=\dfrac{9}{19}$

이므로 $p+q=28$

18 정답 62

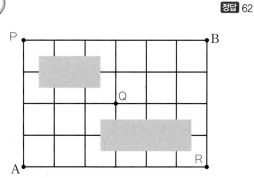

$A \to P \to B$: $1 \times 1 = 1$가지

$A \to Q \to B$경유: $\dfrac{4!}{2! \times 2!} \times \dfrac{5!}{3! \times 2!} = 60$가지

$A \to R \to B$경유: $1 \times 1 = 1$가지

$\therefore$ 62가지

19 정답 ④

1의 눈이 나오기 이전에는 모두 짝수의 눈이 나와야 한다.

따라서 구하는 확률은

$\dfrac{1}{6} + \left(\dfrac{1}{2}\right)\dfrac{1}{6} + \left(\dfrac{1}{2}\right)^2 \dfrac{1}{6} + \cdots + \left(\dfrac{1}{2}\right)^9$

$= \left(\dfrac{1}{2}\right)^9 \left(\dfrac{1}{6} \times \dfrac{2^{10}-1}{2-1}\right) = \dfrac{341}{1024}$

20 정답 ③

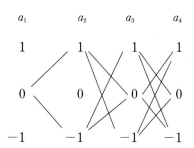

그림과 같이 줄을 따라 갈 때마다 확률이 $\dfrac{1}{2}$이다.

ㄱ. $a_2 = 1$인 경우는 $0 \to 1$ 한가지이므로 그 확률은 $\dfrac{1}{2}$이다.

ㄴ. $a_3 = 1$인 경우는 $0 \to -1 \to 1$이므로 확률은 $\dfrac{1}{4}$이다.

　$a_3 = -1$인 경우도 마찬가지로 확률은 $\dfrac{1}{4}$이다.

　$a_4 = 0$인 경우는 $a_3 = -1$ 또는 $a_3 = 1$에서 온 것이므로

그 확률은 $\dfrac{1}{4} \times \dfrac{1}{2} + \dfrac{1}{4} \times \dfrac{1}{2} = \dfrac{1}{4}$이다.

ㄷ. $a_9 = 0$일 확률이 p이면

　$a_9 = 1$, $a_9 = -1$일 확률은 각각 $\dfrac{1-p}{2}$이다.

　$a_{11} = 0$인 경우는 $a_9 \to a_{10} \to a_{11}$에서

　$0 \to (-1) \to 0,\ 0 \to 1 \to 0,\ 1 \to (-1) \to 0,\ (-1) \to 1 \to 0$

　이므로 확률은

　$\dfrac{1}{4}p + \dfrac{1}{4}p + \dfrac{1}{4} \times \dfrac{1-p}{2} + \dfrac{1}{4} \times \dfrac{1-p}{2} = \dfrac{1-p}{4}$

21 정답 4

$\left(x^n + \dfrac{1}{x}\right)^{10}$의 전개식의 일반항은

${}_{10}C_r (x^n)^r \left(\dfrac{1}{x}\right)^{10-r} = {}_{10}C_r\, x^{nr+r-10}$

이때 ${}_{10}C_2 = {}_{10}C_8 = 45$이므로

$r = 8$이면 $8n + 8 - 10 = 0$에서 $n = \dfrac{1}{4}$이므로 조건을 만족하지 않는다.

$r = 2$이면 $2n + 2 - 10 = 0$에서 $n = 4$이므로 성립한다.

22 정답 17

삼각형의 모양은 그림과 같은 세 종류이고, 그 넓이와 경우의 수는 다음과 같다.

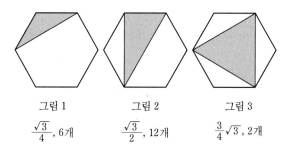

그림 1	그림 2	그림 3
$\dfrac{\sqrt{3}}{4}$, 6개	$\dfrac{\sqrt{3}}{2}$, 12개	$\dfrac{3}{4}\sqrt{3}$, 2개

따라서 구하는 확률은 $\dfrac{12+2}{20} = \dfrac{7}{10}$이므로

$p + q = 17$

23 정답 ③

$(A \cap B) \subset A$, $(A \cap B) \subset B$이므로

$n(A \cap B) \le n(A)$, $n(A \cap B) \le n(B)$이다.

따라서 $n(A) \times n(B) = 2 \times n(A \cap B)$을 만족하는 경우는

(i) $n(A)=2$, $n(B)=1$, $n(A \cap B)=1$

$B \subset A$ 이므로 $_4C_2 \times 2 = 12$가지

(ii) $n(A)=1$, $n(B)=2$, $n(A \cap B)=1$

$A \subset B$ 이므로 $4 \times _3C_1 = 12$가지

이때 집합 S의 공집합이 아닌 부분집합은 15개이므로

구하는 확률은 $\dfrac{12+12}{15 \times 14} = \dfrac{4}{35}$이다.

---

(24)   정답 ③

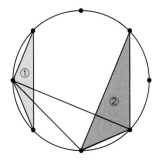

둔각삼각형은 그림과 같이 ① 정팔각형과 두 변을 공유하는 8개, ② 삼각형과 한 변을 공유하는 16개, 총 24개가 있다.

이때 모든 삼각형의 개수는 $_8C_3 = 56$이므로

구하는 확률은 $\dfrac{24}{56} = \dfrac{3}{7}$

---

(25)   정답 40

가로, 세로를 각각 a, b라고 하면, 세로 길이가 3인 경로는 가로의 길이가 3 이상인 경로에 포함된다.

따라서 가로의 길이가 3 이상인 경로의 수만 구한다.

(i) 길이가 5인 경로는 $(aaaaa)$, b, b, b 의 순열에서 $\dfrac{4!}{3!} = 4$가지

(ii) 길이가 4인 경로는 $(aaaa)$, a, b, b, b의 순열이므로

$(aaaa)b-(a, b, b) \longrightarrow \dfrac{3!}{2!} = 3$

$b(aaaa)b, a, b \longrightarrow 3! = 6$

$(a, b, b)-b(aaaa) \longrightarrow \dfrac{3!}{2!} = 3$

(iii) 길이가 3인 경로는 (aaa), a, a, b, b의 순열이므로

$(aaa)b-(a, a, b, b) \longrightarrow \dfrac{4!}{2!2!} = 6$

$b(aaa)b, a, a, b \longrightarrow \dfrac{4!}{2!} = 12$

$(a, a, b, b)-(aaa)b \longrightarrow \dfrac{4!}{2!2!} = 6$

따라서 구하는 경로의 수는

$4+(3+6+3)+(6+12+6) = 40$

---

(26)   정답 135

상수항은 $_6C_2(3x^2)^2\left(\dfrac{1}{x}\right)^4 = 3^2 \times _6C_2 = 135$

---

(27)   정답 25

표로 나타내면 다음과 같다

	1	2	3	4	5	6
1	○	○	○	○	○	○
2	○	×	○	×	○	×
3	○	○	×	○	●	×
4	○	×	○	×	○	×
5	○	○	●	○	×	○
6	○	×	×	×	○	×

따라서 구하는 확률은 $\dfrac{2}{23}$이므로 $2+23=25$이다.

---

(28)   정답 5

ab가 6의 배수인 경우는

$(1, 6)$, $(2, 3)$, $(2, 6)$, $(3, 2)$, $(3, 4)$, $(3, 6)$, $(4, 3)$, $(4, 6)$,

$(5, 6)$, $(6, 1)$, $(6, 2)$, $(6, 3)$, $(6, 4)$, $(6, 5)$, $(6, 6)$

의 15개이다.

이 중에서 a 또는 b가 홀수인 것은

10개이므로 구하는 확률은 $\dfrac{10}{15} = \dfrac{2}{3}$

$\therefore 2+3=5$

---

(29)   정답 151

$\dfrac{1}{3} \times \dfrac{_4C_2}{_7C_2} + \dfrac{2}{3} \times \dfrac{_4C_2 \times _3C_1}{_7C_3} = \dfrac{1}{3} \times \dfrac{2}{7} + \dfrac{2}{3} \times \dfrac{18}{35} = \dfrac{46}{105}$

$\therefore 46+105 = 151$

(30) 정답 ②

x^2의 계수 $={}_6C_2\times2^2\times1^4=60$

(31) 정답 ①

3의 배수 : 3, 6이므로

1, 2, 4, 5, (3, 6)을 원형배열하는 경우의 수와 같다.

5개의 대상을 원형배열하는 경우의 수 $=4!$ 이고, 3과 6을 배치하는 경우의 수 $=2$이므로

$\therefore 4!\times2=48$

(32) 정답 ③

주어진 상황을 표로 작성하면 아래와 같다.

	데스크톱	노트북	
남	15	6	21
여	8	10	18
	23	16	39

$\therefore \dfrac{15}{23}$

(33) 정답 ④

전체 경우의 수는 ${}_{10}C_3=120$

세 수의 곱이 4의 배수이려면, 소인수 2를 최소 2개 이상 가져야 한다.

2의 배수는 2, 4, 6, 8, 10 이고, 이 중 4와 8은 4의 배수이므로 세 수의 곱이 4의 배수인 경우는 아래와 같이 3가지로 나눌 수 있다.

1) 세 수 모두 2의 배수일 때 : ${}_5C_3=10$

2) 세 수 중 두 수만 2의 배수일 때 : ${}_5C_2\times{}_5C_1=50$

3) 세 수 중 하나만 4의 배수이고, 두 수는 홀수일 때:

$\quad {}_2C_1\times{}_5C_2=20$

$\therefore \dfrac{80}{120}=\dfrac{2}{3}$

(34) 정답 ②

$f\circ f\circ f(x)=1$을 만족하려면 합성되면서 치역이 1로 축소되어야 하므로 아래와 같이 2가지 경우로 나눌 수 있다.

1) 두 번째 합성 결과부터 치역이 1일 때

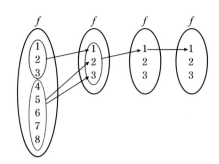

즉, $f(1)=f(2)=f(3)=1$이어야 하므로, $\therefore {}_3H_5=21$

2) 세 번째 합성 결과부터 치역이 1이 될 때

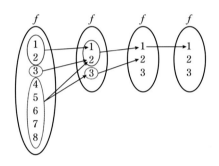

즉, $f(1)=f(2)=1$, $f(3)=2$이어야 하므로, $\therefore {}_2H_5=6$

따라서 $f\circ f\circ f(x)=1$를 만족하는 모든 경우의 수는 27이다.

(35) 정답 41

두 번째 시행 후 흰공만 2개 남아있는 경우는 아래와 같이 3가지로 나눌 수 있다.

	첫 시행	시행 후 주머니에 들어있는 공	두 번째 시행
1	검정 3개 뽑음	검정 1개, 흰 2개	검정 1개, 흰 2개 뽑음
1	$\dfrac{{}_4C_3}{{}_6C_3}\times\dfrac{{}_3C_3}{{}_3C_3}=\dfrac{1}{5}$		
2	검정 2개, 흰 1개 뽑음	검정 2개, 흰 2개	검정 2개, 흰 1개 뽑음
2	$\dfrac{{}_4C_2\times{}_2C_1}{{}_6C_3}\times\dfrac{{}_2C_2\times{}_2C_1}{{}_4C_3}=\dfrac{3}{10}$		
3	검정 1개, 흰 2개 뽑음	검정 3개, 흰 2개	검정 3개 뽑음
3	$\dfrac{{}_4C_1\times{}_2C_2}{{}_6C_3}\times\dfrac{{}_3C_3}{{}_5C_3}=\dfrac{1}{50}$		

$\therefore \dfrac{\dfrac{3}{10}}{\dfrac{1}{5}+\dfrac{3}{10}+\dfrac{1}{50}}=\dfrac{15}{26}$, $p+q=41$

(36) 정답 ②

$_6C_4 \times 2^2 = 60$

(37) 정답 ③

A와 C도 이웃하지 않고 B와 C도 이웃하지 않는 경우의 수는 6명이 원탁에 둘러앉는 전체 경우의 수에서 "A와 C가 이웃하거나 B와 C가 이웃하는 경우의 수"를 빼주면 된다.

전체 경우의 수는 5!=120가지이고

ⅰ) A와 C가 이웃 : $4! \times 2 = 48$

ⅱ) B와 C가 이웃 : $4! \times 2 = 48$

ⅲ) A와 C, B와 C가 동시이웃 : A−C−B, B−C−A총 2가지 이웃하는 경우의 수가 존재하므로 $3! \times 2 = 12$이다.

∴ $120 - (48 + 48 - 12) = 36$

(38) 정답 ①

판별식 $D/4 = b^2 - a(a-3) \geq 0$, $b^2 \geq a(a-3)$이므로

$b=1 \Rightarrow a=1, 2, 3$

$b=2 \Rightarrow a=1, 2, 3, 4$

$b=3 \Rightarrow a=1, 2, 3, 4$

$b=4 \Rightarrow a=1, 2, 3, 4, 5$

$b=5, 6 \Rightarrow a=1, 2, 3, 4, 5, 6$

총 28가지의 경우가 가능하다.

∴ $\dfrac{28}{36} = \dfrac{7}{9}$

(39) 정답 ④

$f(1)=x$, $f(2)=y$, $f(3)=z$, $f(4)=w$라 하면

조건을 만족하는 함수 f의 개수는 방정식 $x+y+z+w=8$의 해의 개수와 같다. 이 때 공역의 원소가 6까지이므로 (1, 0, 0, 7), (0, 0, 0, 8)인 경우는 제외해주어야 한다.

해가 (1, 0, 0, 7)인 경우 : $\dfrac{4!}{2!} = 12$가지,

해가 (0, 0, 0, 8)인 경우 : 4가지 이므로

∴ $_4H_8 - 16 = {}_{11}C_3 - 16 = 149$

(40) 정답 27

총 4번의 시행에서 동시에 뽑은 두 개의 공이 같은 색인 횟수를 a번, 다른 색인 횟수를 b번이라 하자.

4번째 시행의 결과 주머니 A의 공의 개수가 0개여야 하므로 $2+a-b=0$ 에서 $a=1$, $b=3$

주머니 A, B에서 꺼낸 공을 순서쌍 (A, B)로 표현할 때, 4번째 시행 후 A의 공의 개수가 0일 때의 경우는 아래 표와 같다.

시행 1	시행 2	시행 3	시행 4	확률	
(흰, 흰) A(흰 2, 검 1) B(흰 0, 검 1)	(흰, 검) A(흰 1, 검 1) B(흰 1, 검 1)	(흰, 검) A(흰 0, 검 1) B(흰 2, 검 1)	(검, 흰)	$\dfrac{1}{4} \times \dfrac{2}{3} \times \dfrac{1}{4} \times \dfrac{2}{3} = \dfrac{1}{36}$	①
		(검, 흰) A(흰 1, 검 0) B(흰 1, 검 2)	(흰, 검)	$\dfrac{1}{4} \times \dfrac{2}{3} \times \dfrac{1}{4} \times \dfrac{2}{3} = \dfrac{1}{36}$	②
(검, 검) A(흰 1, 검 2) B(흰 1, 검 0)	(검, 흰) A(흰 1, 검 1) B(흰 1, 검 1)	(흰, 검) A(흰 0, 검 1) B(흰 2, 검 1)	(검, 흰)	$\dfrac{1}{4} \times \dfrac{2}{3} \times \dfrac{1}{4} \times \dfrac{2}{3} = \dfrac{1}{36}$	③
		(검, 흰) A(흰 1, 검 0) B(흰 1, 검 2)	(흰, 검)	$\dfrac{1}{4} \times \dfrac{2}{3} \times \dfrac{1}{4} \times \dfrac{2}{3} = \dfrac{1}{36}$	④
(흰, 검) A(흰 0, 검 1) B(흰 2, 검 1)	(검, 검) A(흰 0, 검 2) B(흰 2, 검 0)	(검, 흰) A(흰 0, 검 1) B(흰 2, 검 1)	(검, 흰)	$\dfrac{1}{4} \times \dfrac{1}{3} \times 1 \times \dfrac{2}{3} = \dfrac{1}{18}$	⑤
(검, 흰) A(흰 1, 검 0) B(흰 1, 검 2)	(흰, 검) A(흰 2, 검 0) B(흰 0, 검 2)	(흰, 검) A(흰 1, 검 0) B(흰 1, 검 2)	(흰, 검)	$\dfrac{1}{4} \times \dfrac{1}{3} \times 1 \times \dfrac{2}{3} = \dfrac{1}{18}$	⑥

2번째 시행의 결과 주머니 A안에 들어있는 흰 공의 개수가 1이상인 경우는 ①, ②, ③, ④, ⑥이므로

$$p = \dfrac{4 \times \dfrac{1}{36} + \dfrac{1}{18}}{4 \times \dfrac{1}{36} + 2 \times \dfrac{1}{18}} = \dfrac{3}{4}, \therefore 36p = 27$$

통계

01

X가 이항분포 $B\left(120, \dfrac{1}{121}\right)$을 따르므로

$m=E(X)=\sum\limits_{k=0}^{120}k\cdot P(X=k)=120\times\dfrac{1}{121}=\dfrac{120}{121}$

$V(X)=\sum\limits_{k=0}^{120}k^2\cdot P(X=k)-m^2=120\times\dfrac{1}{121}\times\dfrac{120}{121}=\dfrac{120^2}{121^2}$

$f(x)=\sum\limits_{k=0}^{120}(x^2-2axk+a^2k^2)P(X=k)$

$\quad=x^2-2ax\sum\limits_{k=0}^{120}k\cdot P(X=k)+a^2\sum\limits_{k=0}^{120}k^2\cdot P(X=k)$

$\quad=x^2-2amx+a^2\sum\limits_{k=0}^{120}k^2\cdot P(X=k)$

$\quad=(x-am)^2+a^2\left(\sum\limits_{k=0}^{120}k^2\cdot P(X=k)-m^2\right)$

$\quad=(x-am)^2+\dfrac{120^2}{121^2}a^2$

함수 $f(x)$는 $x=am$일 때, 최솟값 $\dfrac{120^2}{121^2}a^2$이므로

$\dfrac{120^2}{121^2}a^2=1$에서 $a=\dfrac{121}{120}\,(a>0)$

$\therefore 120a=121$

02

네 수 1, 2, 3, 4에서 중복을 허락하여 두 번 꺼냈을 때, 두 수 a와 b의 차와 같으므로 가능한 모든 경우의 수는 16가지이다. 두 수의 차가 0이 되는 경우의 수는 4가지이고, 두 수의 차가 1, 2, 3이 되는 경우의 수는 각각 6, 4, 2가지이다.

확률변수 $X(=|a-b|)$에 대한 확률분포표를 만들면 아래 표와 같다.

X	0	1	2	3	합계
$P(X)$	$\dfrac{1}{4}$	$\dfrac{3}{8}$	$\dfrac{1}{4}$	$\dfrac{1}{8}$	1

$\therefore E(X)=0\times\dfrac{1}{4}+1\times\dfrac{3}{8}+2\times\dfrac{1}{4}+3\times\dfrac{1}{8}=\dfrac{5}{4}$

03

확률변수 X가 정규분포 $N(5, 3^2)$을 따르므로 $m=5$, $\sigma=3$

$P(|X-5|\leq3)=P(-3\leq X-5\leq3)$

$\qquad=P(2\leq X\leq8)=P(m-\sigma\leq X\leq m+\sigma)$

$\qquad=2P(0\leq X\leq m+\sigma)=0.6826$

$P(0\leq X\leq m+\sigma)=0.3413$

따라서 $P(Y\geq17)=P(2X+1\geq17)=P(X\geq8)=P(X\geq m+\sigma)$

$\qquad=\dfrac{1}{2}-P(0\leq X\leq m+\sigma)=0.5-0.3413$

$\qquad=0.1587$

04

확률변수 X가 취할 수 있는 값이 1, 2, 3, 4이므로

$P(X=1)=a$라 하면 확률분포표를 아래 표와 같이 나타낼 수 있다.

X	1	2	3	4	합계
$P(X)$	a	$\dfrac{2}{5}a$	$\dfrac{4}{25}a$	$\dfrac{8}{125}a$	1

모든 경우에 대한 확률의 합이 1이므로

$\dfrac{125+50+20+8}{125}a=1$

$\therefore a=\dfrac{125}{203}$

$\therefore P(X\geq3)=1-P(X=1)-P(X=2)$

$\qquad=1-\dfrac{125}{203}-\dfrac{2}{5}\times\dfrac{125}{203}$

$\qquad=\dfrac{28}{203}=\dfrac{4}{29}$

05

포도송이 한 송이의 무게를 확률변수 X라 두면

X는 정규분포 $N(600, 100^2)$을 따르므로 포도송이의 무게가 636g 이상일 확률은

$P(X\geq636)=P(Z\geq0.36)=0.36$

포도송이를 100송이 추출할 때, 무게가 636g 이상인 포도송이의 개수를 확률변수 Y라 두면 Y는 이항분포 $B(100, 0.36)$을 따른다.

이때 100은 충분히 큰 수이므로 Y는 근사적으로 정규분포 $N(36, 4.8^2)$을 따른다.

$\therefore P(Y\geq42)=P(Z\geq1.25)=0.11$

06

$\sigma>1$이므로 확률변수 X의 확률밀도함수의 그래프가 가운데 부분이 낮고 옆으로 퍼진 모양이다.

또 두 곡선은 y축에 대하여 대칭이므로

$P(0\leq Z\leq1.5)-P(0\leq X\leq1.5)=0.048$

이때

$P(0\leq X\leq1.5)=P\left(0\leq Z\leq\dfrac{1.5}{\sigma}\right)=P(0\leq Z\leq1.5)-0.048$

$\qquad=0.433-0.048=0.385$

$\qquad=P(0\leq Z\leq1.2)$

이므로 $\dfrac{1.5}{\sigma}=1.2$

$\therefore \sigma=\dfrac{5}{4}=1.25$

07 정답 ③

꺼낸 공들의 수의 최솟값을 확률변수 X라 두고, X에 대한 확률분포표를 만들면 아래 표와 같다.

X	1	2	3	합계
$P(X)$	$\dfrac{_4C_2}{_5C_3}=\dfrac{3}{5}$	$\dfrac{_3C_2}{_5C_3}=\dfrac{3}{10}$	$\dfrac{_2C_2}{_5C_3}=\dfrac{1}{10}$	1

$\therefore$ $E(X)$의 평균은 $\dfrac{3}{5}+2\times\dfrac{3}{10}+3\times\dfrac{1}{10}=\dfrac{3}{2}$

08 정답 ④

4과목중 2과목을 선택하는 경우의 수는 $_4C_2=6$이므로 A, B를 선택할 확률은 $\dfrac{1}{6}$이다.

또 A, B를 선택한 서류전형자의 수를 확률변수 X라 두면 X는 이항분포 $B\left(720,\dfrac{1}{6}\right)$를 따른다.

이때 720은 충분히 큰 수이므로 X는 근사적으로 정규분포 $N(120,10^2)$을 따른다.

$\therefore P(110\leq X\leq 145)=P(-1\leq Z\leq 2.5)$
$=P(0\leq Z\leq 1)+P(0\leq Z\leq 2.5)$
$=0.3413+0.4938=0.8351$

09 정답 28

(신뢰구간의 길이)$=2\cdot k\cdot\dfrac{\sigma}{\sqrt{n}}$

여기서 σ는 해당 집단의 표준편차, n은 표본의 크기, k는 신뢰도에 해당하는 Z값이다.

나무가 총 100그루이므로 $a+b=100$이다.

신뢰구간의 길이가 서로 같으므로
$2\cdot 1.96\cdot\dfrac{3}{\sqrt{a}}=2\cdot 1.96\cdot\dfrac{4}{\sqrt{b}}$

$\therefore 16a=9b$

$b=100-a$를 대입해서 정리하면 $a=36$, $b=64$

$\therefore |a-b|=28$

10 정답 ⑤

크기가 n인 표본을 복원추출하였을 때, 표본평균 $\overline{X}$의 분산은 $V(\overline{X})=\dfrac{V(X)}{n}$이고,

$V(\overline{X})=\dfrac{7}{12}$이므로 $\dfrac{V(X)}{3}=\dfrac{17}{12}$

$\therefore V(X)=\dfrac{17}{4}$

한편, $V(X)=E(X^2)-\{E(X)\}^2$에서

$E(X^2)=0^2\times\dfrac{1}{3}+3^2\times a+6^2\times\left(\dfrac{2}{3}-a\right)$
$=9a+24-36a=24-27a$

$E(X)=0\times\dfrac{1}{3}+3\times a+6\times\left(\dfrac{2}{3}-a\right)$
$=3a+4-6a=4-3a$

이므로

$\dfrac{17}{4}=(24-27a)-(4-3a)^2$

$\dfrac{17}{4}=-9a^2-3a+8$

$12a^2+4a-5=0$, $(6a+5)(2a-1)=0$

$\therefore a=\dfrac{1}{2}\ (\because a\geq 0)$

 11 정답 ③

$P(X\geq 58)=P(Z\geq -1)$에서

$\dfrac{58-m}{\sigma}=-1$이므로 $m-\sigma=58$ …… ㉠

또 $P(X\leq 55)=P(Z\geq 2)$에서

$\dfrac{55-m}{\sigma}=-2$이므로 $m-2\sigma=55$ …… ㉡

㉠, ㉡을 연립해서 풀면 $m=61$, $\sigma=3$

$\therefore m+\sigma=64$

 12 정답 59

$P(X=3)=\dfrac{_5C_3\times _5C_2\times 2}{_{10}C_5}=\dfrac{50}{63}$

$P(X=4)=\dfrac{_5C_4\times _5C_1\times 2}{_{10}C_5}=\dfrac{25}{126}$

$P(X=5)=\dfrac{_5C_5\times 2}{_{10}C_5}=\dfrac{1}{126}$

이므로 확률분포표를 만들면 아래 표와 같다.

X	3	4	5	합계
$P(X)$	$\dfrac{100}{126}$	$\dfrac{25}{126}$	$\dfrac{1}{126}$	1

이때 $E(X)=\dfrac{300+100+5}{126}=\dfrac{405}{126}=\dfrac{45}{14}$이므로

$E(Y)=14E(X)+14=14\times\dfrac{45}{14}+14=45+14=59$

13

정답 ④

모집단이 정규분포 $N(50, 10^2)$을 따르므로
표본평균 $\overline{X}$는 정규분포 $N(50, 2^2)$을 따른다.

$$\therefore P(48 \leq \overline{X} \leq 54) = P(-1 \leq Z \leq 2)$$
$$= P(0 \leq Z \leq 1) + P(0 \leq Z \leq 2)$$
$$= 0.3413 + 0.4772$$
$$= 0.8185$$

14

정답 ②

72회의 시행 중 3의 배수의 눈이 나온 횟수를 확률변수 Y라 하면 그 외의 눈이 나오는 횟수는 $72-Y$이므로
$X = 3Y - 2(72-Y) = 5Y - 144$이다.
$X \geq 11$에서 $5Y - 144 \geq 11$이므로
$Y \geq 31$
확률변수 Y는 이항분포 $B\left(72, \dfrac{1}{3}\right)$를 따르므로
$E(Y) = 72 \times \dfrac{1}{3} = 24$, $V(Y) = 72 \times \dfrac{1}{3} \times \dfrac{2}{3} = 4^2$이고
72는 충분히 큰 수이므로 확률변수 Y는 근사적으로
정규분포 $N(24, 4^2)$을 따른다.

$$\therefore P(X \geq 11) = P(Y \geq 31)$$
$$= P\left(Z \geq \dfrac{31-24}{4}\right)$$
$$= P(Z \geq 1.75)$$
$$= 0.5 - P(0 \leq Z \leq 1.75)$$
$$= 0.5 - 0.4599$$
$$= 0.0401$$

15

정답 24

뒤집은 3개의 동전 중 앞면인 것의 개수를 $a(=0, 1, 2, 3)$라 하자.

(ⅰ) $a=0$일 때, $X=6$이고 이때의 확률은

$$\dfrac{{}_3C_0 \times {}_4C_3}{{}_7C_3} = \dfrac{4}{35}$$

(ⅱ) $a=1$일 때, $X=4$이고 이때의 확률은

$$\dfrac{{}_3C_1 \times {}_4C_2}{{}_7C_3} = \dfrac{18}{35}$$

(ⅲ) $a=2$일 때, $X=2$이고 이때의 확률은

$$\dfrac{{}_3C_2 \times {}_4C_1}{{}_7C_3} = \dfrac{12}{35}$$

(ⅳ) $a=3$일 때, $X=0$이고 이때의 확률은

$$\dfrac{{}_3C_3 \times {}_4C_0}{{}_7C_3} = \dfrac{1}{35}$$

(ⅰ)~(ⅳ)에 의하여 X의 확률분포를 표로 나타내면 다음과 같다.

X	0	2	4	6	합계
$P(X)$	$\dfrac{1}{35}$	$\dfrac{12}{35}$	$\dfrac{18}{35}$	$\dfrac{4}{35}$	1

따라서 $E(X) = \dfrac{24 + 72 + 24}{35} = \dfrac{24}{7}$이므로

$E(7X) = 7E(X) = 24$

16

정답 ③

주머니에서 꺼낸 3개의 공에 적힌 수들 중 두 수의 합이 나머지 한 수와 같은 경우는 세 수가 $(1, 2, 3)$, $(1, 3, 4)$, $(1, 4, 5)$, $(2, 3, 5)$인 경우이다.
꺼낸 세 수가 위와 같을 확률은 $\dfrac{4}{{}_5C_3} = \dfrac{2}{5}$이므로

확률변수 X는 이항분포 $B\left(25, \dfrac{2}{5}\right)$를 따른다.

이때 $E(X) = 25 \times \dfrac{2}{5} = 10$,

$V(X) = 25 \times \dfrac{2}{5} \times \dfrac{3}{5} = 6$이므로

$E(X^2) = V(X) + \{E(X)\}^2 = 6 + 10^2 = 106$

17

정답 ⑤

$P(X=0) + P(X=1) + P(X=2) + P(X=3) = 1$에서

$$\dfrac{1}{14} + 6a + \dfrac{3}{7} + a = 1$$

$$\therefore a = \dfrac{1}{14}$$

$$\therefore E(X) = 0 \times \dfrac{1}{14} + 1 \times \dfrac{3}{7} + 2 \times \dfrac{3}{7} + 3 \times \dfrac{1}{14} = \dfrac{3}{2}$$

18

정답 ①

$E(X) = m$, $\sigma(X) = \sigma$라 하면
조건 (가)에 의하여
$E(Y) = am$, $\sigma(Y) = a\sigma$ ($\because a > 0$)

조건 (나)에서

$P(X \le 18) + P(Y \ge 36) = 1$

$P\left(Z \le \dfrac{18-m}{\sigma}\right) + P\left(Z \ge \dfrac{36-am}{a\sigma}\right) = 1$

$\dfrac{18-m}{\sigma} = \dfrac{36-am}{a\sigma}$ 이므로

$a = 2 \ (\because \sigma > 0)$

또 조건 (다)에서

$P(X \le 28) = P(Y \ge 28)$

$\left(Z \le \dfrac{28-m}{\sigma}\right) = P\left(Z \ge \dfrac{28-2m}{2\sigma}\right) \ (\because a = 2)$

$\dfrac{28-m}{\sigma} = -\dfrac{28-2m}{2\sigma}$ 이므로

$m = 21 \ (\because \sigma > 0)$

$\therefore \ E(Y) = am = 42$

19

정답 ②

$E(X) = 10$ 이므로

$E(Y) = E(3X) = 3E(X) = 30$

$\sigma(X) = \sigma(>0)$ 라 하면

$\sigma(Y) = \sigma(3X) = |3|\sigma(X) = 3\sigma$

$P(X \le k) = P(Y \ge k)$ 에서

$P\left(Z \le \dfrac{k-10}{\sigma}\right) = P\left(Z \ge \dfrac{k-30}{3\sigma}\right)$

따라서 $\dfrac{k-10}{\sigma} = -\dfrac{k-30}{3\sigma}$ 에서

$3k - 30 = 30 - k$

$\therefore \ k = 15$

20

정답 ①

$E(3X+1) = 3E(X) + 1 = 19$ 이므로 $E(X) = 6$

또 $E(X^2) = 40$ 이므로 $V(X) = 4$

따라서 $np = 6$, $npq = 4$ 이므로

$n = 18$, $p = \dfrac{1}{3}$, $q = \dfrac{2}{3}$

$\therefore \ \dfrac{P(X=1)}{P(X=2)} = \dfrac{{}_{18}C_1 \left(\frac{1}{3}\right)\left(\frac{2}{3}\right)^{17}}{{}_{18}C_2 \left(\frac{1}{3}\right)^2 \left(\frac{2}{3}\right)^{16}} = \dfrac{4}{17}$

21

정답 ②

과수원에서 생산되는 사과의 무게를 X라 하면 확률변수 X는 정규분포 $N(350, 30^2)$를 따른다. 따라서 과수원에서 생산된 사과 중에서 임의로 선택한 9개의 무게의 평균을 $\overline{X}$라 하면 확률변수 $\overline{X}$는 정규분포 $N\left(350, \left(\dfrac{30}{\sqrt{9}}\right)^2\right)$, 즉 $N(350, 10^2)$를 따른다.

$\begin{aligned} \therefore \ P(345 \le \overline{X} \le 365) &= P\left(\dfrac{345-350}{10} \le Z \le \dfrac{365-350}{10}\right) \\ &= P(-0.5 \le Z \le 1.5) \\ &= P(0 \le Z \le 0.5) + P(0 \le Z \le 1.5) \\ &= 0.1915 + 0.4332 \\ &= 0.6247 \end{aligned}$

22

정답 ③

확률의 총합이 1이므로 $a + b + c = 1$ ······ ㉠

$E(X) = 1$ 이므로 $b + 2c = 1$ ······ ㉡

$V(X) = E(X^2) - \{E(X)\}^2 = \dfrac{1}{4}$ 이므로 $b + 4c - 1 = \dfrac{1}{4}$ ······ ㉢

㉠, ㉡, ㉢을 연립하면 $a = \dfrac{1}{8}$, $b = \dfrac{3}{4}$, $c = \dfrac{1}{8}$

$\therefore \ P(X=0) = \dfrac{1}{8}$

23

정답 ①

X	0	1	2	3	합계
$P(X)$	$\dfrac{5}{70}$	$\dfrac{30}{70}$	$\dfrac{30}{70}$	$\dfrac{5}{70}$	1

$\therefore \ E(X) = \dfrac{0 + 30 + 60 + 15}{70} = \dfrac{150}{70} = \dfrac{3}{2}$

24 정답 ③

수학점수를 확률변수 X라 하면 X는 정규분포 $N(67,\ 12^2)$을 따른다.

$\therefore P(X \geq 79) = P(Z \geq 1) = 0.5 - 0.3413 = 0.1587$

25 정답 88

$\overline{X}$는 정규분포 $N\left(85,\ \dfrac{9}{4}\right)$를 따른다.

$P(\overline{X} \geq k) = 0.0228 = P(Z \geq 2)$이므로

$\dfrac{k-85}{\dfrac{3}{2}} = 2$

$\therefore k = 85 + 3 = 88$

26 정답 29

확률변수 X는 이항분포 $B(25,\ p)$를 따른다.

$m = np = 25p,\ 4 = np(1-p) = 25p(1-p)$이므로

$p(1-p) = \dfrac{4}{25} = \dfrac{1}{5} \times \dfrac{4}{5} \quad \therefore p = \dfrac{1}{5}$

$\therefore E(X^2) = V(X) + m^2 = 4 + \left(25 \times \dfrac{1}{5}\right)^2 = 4 + 5^2 = 29$

27 정답 ④

$P(X=3) = {}_5C_3\, p^3(1-p)^2,\ P(X=4) = {}_5C_4\, p^4(1-p)$이므로

$10p^3(1-p)^2 = 5p^4(1-p) \quad \therefore p = \dfrac{2}{3}$

$\therefore E(6X) = 6E(X) = 6 \times 5p = 20$

28 정답 ⑤

모집단은 $N(100,\ \sigma^2)$를 따르고, 크기가 25인 표본집단은 $\left(N\left(100,\ \left(\dfrac{\sigma}{5}\right)^2\right)\right)$을 따른다.

즉, $P(98 \leq X \leq 102) = P\left(\dfrac{98-100}{\dfrac{\sigma}{5}} \leq Z \leq \dfrac{102-100}{\dfrac{\sigma}{5}}\right) = 0.9876$

이므로

주어진 표준정규분포표에 따르면 $\dfrac{2}{\dfrac{\sigma}{5}} = \dfrac{10}{\sigma} = 2.5$이다.

$\therefore \sigma = 4$

29 정답 80

나오는 눈의 수가 3이상인 사건을 A, 3미만인 사건을 B라 하면, $P(A) = \dfrac{2}{3}$, $P(B) = \dfrac{1}{3}$이다.

위의 시행을 4번 반복 시 도착 가능한 지점은 0, 2, 4, 6이다.

4번 시행 후 0에 도착: A 2번, B 2번 $= {}_4C_2\left(\dfrac{2}{3}\right)^2\left(\dfrac{1}{3}\right)^2 = \dfrac{24}{3^4}$

4번 시행 후 2에 도착: A 3번, B 1번 $= {}_4C_2\left(\dfrac{2}{3}\right)^3\left(\dfrac{1}{3}\right)^1 = \dfrac{32}{3^4}$

4번 시행 후 4에 도착: A 4번 또는 B 4번 $= \left(\dfrac{2}{3}\right)^4 + \left(\dfrac{1}{3}\right)^4 = \dfrac{17}{3^4}$

4번 시행 후 6에 도착: A 1번, B 2번 $= {}_4C_1\left(\dfrac{2}{3}\right)^1\left(\dfrac{1}{3}\right)^3 = \dfrac{8}{3^4}$이므로,

확률분포표를 작성하면 아래와 같다.

X	0	2	4	6	합
$P(X=x)$	$\dfrac{24}{3^4}$	$\dfrac{32}{3^4}$	$\dfrac{17}{3^4}$	$\dfrac{8}{3^4}$	1

즉, $E(X) = \dfrac{0 \times 24 + 2 \times 32 + 4 \times 17 + 6 \times 8}{3^4} = \dfrac{20}{9}$

$\therefore E(36X) = 36E(X) = 80$

30 정답 ③

확률 총 합은 1이므로 $a + \dfrac{a}{2} + \dfrac{a}{3} = 1 \Rightarrow a = \dfrac{11}{6}$

$E(X) = 3a = \dfrac{88}{11}$이므로 $\therefore E(11X+2) = 18 + 2 = 20$

31 정답 ④

모집단은 정규분포 $N(42,\ 4^2)$을 따르므로, 크기가 4인 표본은 정규분포 $N(42,\ 2^2)$를 따른다.

$\therefore P(X \geq 43) = P\left(Z \geq \dfrac{43-42}{2}\right) = 0.5 - 0.1915 = 0.3085$

32 정답 25

(가) $P\left(Z \leq \dfrac{11-a}{\sigma}\right) = P\left(Z \leq \dfrac{11+a-2b}{\sigma}\right)$이므로

$\dfrac{11-a}{\sigma} + \dfrac{11+a-2b}{\sigma} = 0$ 이다. 즉, $b = 11$

(나) 확률밀도함수는 대칭축에 가까울수록 값이 크므로

$|a-17| > |12-a| > |15-a|$이다.

$|a-17| > |12-a| \Rightarrow a < 14.5$,

$|12-a| > |15-a| \Rightarrow a > 13.5$ 에서 $a = 14$

$\therefore a + b = 25$

선택 과목: 미적분 정답

극한	01 75	02 ①	03 ③	04 ②	05 ④
	06 ③	07 ①	08 ①	09 ④	10 36
	11 ②	12 ①	13 ①	14 ⑤	15 ③
	16 ⑤	17 ①	18 ④	19 ②	20 ⑤
	21 49				
미적분	01 ③	02 ⑤	03 ①	04 ⑤	05 21
	06 ②	07 ②	08 25	09 ②	10 ①
	11 30	12 8	13 30	14 9	15 ③
	16 18	17 ②	18 ②	19 ⑤	20 12
	21 ④	22 6	23 ③	24 ③	25 ②
	26 ④	27 ①	28 19	29 41	30 ③
	31 ①	32 ④	33 ②	34 4	

극한

01

정답 75

구하려는 S_n은 두 직각사다리꼴의 넓이 차와 같으므로

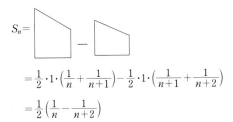

$$S_n = \boxed{} - \boxed{}$$

$$= \frac{1}{2} \cdot 1 \cdot \left(\frac{1}{n} + \frac{1}{n+1} \right) - \frac{1}{2} \cdot 1 \cdot \left(\frac{1}{n+1} + \frac{1}{n+2} \right)$$

$$= \frac{1}{2} \left(\frac{1}{n} - \frac{1}{n+2} \right)$$

이므로

$$\sum_{n=1}^{\infty} S_n = \lim_{n \to \infty} \sum_{k=1}^{n} S_k = \lim_{n \to \infty} \frac{1}{2} \left(1 + \frac{1}{2} - \frac{1}{n+1} - \frac{1}{n+2} \right) = \frac{3}{4}$$

$$\therefore 100 \sum_{n=1}^{\infty} S_n = 75$$

02

정답 ①

$A_n(n, \log_2 n)$, $B_n(n, -\log_2 n)$, $C_n\left(\frac{1}{n}, \log_2 n \right)$ 이므로

$$S_n = \frac{1}{2}(n-1) \cdot 2\log_2 n$$

$$T_n = \frac{1}{2} \left(n - \frac{1}{n} \right) \cdot \log_2 n \text{ 이다.}$$

$$\lim_{n \to \infty} \frac{T_n}{S_n} = \lim_{n \to \infty} \frac{n - \frac{1}{n}}{2(n-1)} = \frac{1}{2}$$

03

정답 ③

$A_n(\alpha, 2\alpha + n)$, $B_n(\beta, 2\beta + n)$ 이라 하면

α와 β는 방정식 $x^2 = 2x + n$의 두 근이다.

이때 $a_n = \sqrt{(\beta - \alpha)^2 + (2\beta - 2\alpha)^2} = \sqrt{5(\beta - \alpha)^2}$ 이다.

근과 계수의 관계에 의해 $\alpha + \beta = 2$, $\alpha\beta = -n$ 이고

$(\beta - \alpha)^2 = (\alpha + \beta)^2 - 4\alpha\beta$ 이므로

$(\beta - \alpha)^2 = 4 - 4 \cdot (-n) = 4n + 4$

$$\therefore \lim_{n \to \infty} \frac{\sqrt{5n+1}}{a_n} = \lim_{n \to \infty} \frac{\sqrt{5n+1}}{\sqrt{5(4n+4)}} = \frac{1}{\sqrt{4}} = \frac{1}{2}$$

04

정답 ②

ㄱ. $a_n b_n = c_n$ 이라 하면 $b_n = \dfrac{c_n}{a_n}$ 이다.

$\{a_n\}$이 0으로 수렴하면 즉, $\lim\limits_{n \to \infty} a_n = 0$ 이면 이 극한값은 존재하지 않는다. (거짓)

ㄴ. 수열 $\{b_n\}$이 수렴한다고 가정하면

$\{a_n\}$은 발산하므로 $\{a_n - b_n\}$은 수렴할 수 없다.

따라서 $\lim\limits_{n \to \infty} b_n$은 발산한다. (참)

ㄷ. $\{a_n\}$: 1, 0, 1, 0, 1, 0, 1, 0, 1, 0, 1, 0, $\cdots$

$\{b_n\}$: 0, 1, 0, 1, 0, 1, 0, 1, 0, 1, 0, 1, $\cdots$

이라 하면 $\{a_n b_n\}$은 0으로 수렴하고 $\lim\limits_{n \to \infty} a_n \neq 0$ 이지만 $\lim\limits_{n \to \infty} b_n$의 값은 존재하지 않는다. (거짓)

05

정답 ④

ㄱ. $0 < a_n < b_n$ 이고 $\lim\limits_{n \to \infty} b_n = \infty$ 이므로

$$\lim_{n \to \infty} \frac{a_n}{b_n^2} = \lim_{n \to \infty} \left(\frac{1}{b_n} \times \frac{a_n}{b_n} \right) = 0 \times 0 = 0 \text{ (참)}$$

ㄴ. $\{a_n\}$: 1, 0, 1, 0, 1, 0, $\cdots$,

$\{b_n\}$: 0, 1, 0, 1, 0, 1, $\cdots$ 이라 하면 수열 $\{a_n\}$은 발산하고,

수열 $\{a_n b_n\}$은 수렴하지만

$\lim\limits_{n \to \infty} b_n$은 발산한다. (거짓)

ㄷ. $a_n < b_n < c_n$ $(n = 1, 2, 3, \cdots)$ 에서

$$n \times a_n < n \times b_n < n \times c_n$$

$$\frac{n}{n+1} \times (n+1) a_n < n \times b_n < \frac{n}{n-1} \times (n-1) c_n$$

$$\lim_{n \to \infty} \frac{n}{n+1} (n+1) a_n \leq n b_n \leq \lim_{n \to \infty} \frac{n}{n-1} (n-1) c_n$$

$$1 \leq n b_n \leq 1$$

$$\therefore \lim_{n \to \infty} n b_n = 1 \text{ (참)}$$

따라서 옳은 것은 ㄱ, ㄷ이다.

06 　　　　　　　　　　　　　정답 ③

$\triangle AQ_nP_n = \frac{1}{2}\overline{AQ_n} \times \overline{P_nQ_n} = \frac{1}{2}(n+1)\sqrt{n+1}$

$\triangle AP_nR_n = \frac{1}{2}\overline{P_nR_n} \times \overline{P_nQ_n} = \frac{1}{2}n\sqrt{n+1}$

이므로

$S_n = \triangle AQ_nP_n + \triangle AP_nR_n = \frac{1}{2}(2n+1)\sqrt{n+1}$

$T_n = \frac{1}{2}(n+1)\sqrt{n+1}$

$\therefore \lim\limits_{n\to\infty}\dfrac{S_n+T_n}{S_n-T_n} = \lim\limits_{n\to\infty}\dfrac{\frac{1}{2}(3n+2)\sqrt{n+1}}{\frac{1}{2}n\sqrt{n+1}} = \lim\limits_{n\to\infty}\left(3+\dfrac{2}{n}\right)=3$

07 　　　　　　　　　　　　　정답 ①

$\dfrac{\pi}{2}-x=t$라 하면 $x\to\dfrac{\pi}{2}$일 때, $t\to 0$이므로

$\lim\limits_{x\to\frac{\pi}{2}}\dfrac{\cos^2 x}{(2x-\pi)^2} = \lim\limits_{t\to 0}\dfrac{\cos^2\left(\frac{\pi}{2}-t\right)}{(-2t)^2} = \lim\limits_{t\to 0}\dfrac{\sin^2 t}{4t^2}$

$\qquad = \dfrac{1}{4}\lim\limits_{t\to 0}\left(\dfrac{\sin t}{t}\right)^2 = \dfrac{1}{4}$

08 　　　　　　　　　　　　　정답 ①

$\lim\limits_{x\to 1}\dfrac{\ln x}{x^3-1} = \lim\limits_{x\to 1}\dfrac{\ln x}{x-1} \cdot \dfrac{1}{x^2+x+1}$

$\qquad = \lim\limits_{t\to 0}\dfrac{\ln(1+t)}{t} \cdot \lim\limits_{x\to 1}\dfrac{1}{x^2+x+1}$

$\qquad = 1 \cdot \dfrac{1}{3} = \dfrac{1}{3}$

09 　　　　　　　　　　　　　정답 ④

$\sum\limits_{n=2}^{\infty}(1+c)^{-n}=2$이므로

$\left|\dfrac{1}{1+c}\right|<1$ 즉, $c>0$ 또는 $c<-2$, $\dfrac{\left(\frac{1}{1+c}\right)^2}{1-\frac{1}{1+c}}=2$이다.

$2(1+c)^2-2(1+c)-1=0$에서

$2c^2+2c-1=0$이므로

$c=\dfrac{-1+\sqrt{3}}{2}$이고, $C>0$ 또는 $C<-2$이어야 하므로

$\therefore 2c+1=\sqrt{3}$

10 　　　　　　　　　　　　　정답 36

반원의 중심을 O라 하면

$\angle COD=2\theta$, $\angle MON=\theta$이고

반지름의 길이가 1이므로

$\overline{CD}=\sin 2\theta$, $\overline{MN}=\sin\theta$

$\overline{DN}=\overline{ON}-\overline{OD}=\cos\theta-\cos 2\theta$

이때

$S(\theta)=\dfrac{1}{2}(\overline{CD}+\overline{MN})\overline{DN}$

$\qquad = \dfrac{1}{2}(\sin 2\theta+\sin\theta)(\cos\theta-\cos 2\theta)$

$\qquad = \dfrac{(\sin 2\theta+\sin\theta)(\cos^2\theta-\cos^2 2\theta)}{2(\cos\theta+\cos 2\theta)}$

$\qquad = \dfrac{(\sin 2\theta+\sin\theta)(\sin^2 2\theta-\sin^2\theta)}{2(\cos\theta+\cos 2\theta)}$

이므로

$\lim\limits_{\theta\to 0+}\dfrac{S(\theta)}{\theta^3} = \lim\limits_{\theta\to 0+}\left(\dfrac{\sin 2\theta}{2\theta}\cdot 2+\dfrac{\sin\theta}{\theta}\right)\left\{\left(\dfrac{\sin 2\theta}{2\theta}\right)^2\cdot 4-\left(\dfrac{\sin\theta}{\theta}\right)^2\right\}$

$\qquad\qquad\qquad \cdot \dfrac{1}{2(\cos\theta+\cos 2\theta)}$

$\qquad = (1\cdot 2+1)(1^2\cdot 4-1^2)\cdot\dfrac{1}{2(1+1)} = \dfrac{9}{4}$

따라서 $a=\dfrac{9}{4}$이므로

$16a=36$

11 〔정답〕②

삼각형 ABC가 이등변삼각형이므로 △AM_1C는 직각삼각형이다.

∴ $\overline{AM_1}=\sqrt{5^2-3^2}=4$

삼각형 ABC와 삼각형 AB_1C_1이 닮음이므로 M_2는 직선 AM_1 위에 있고, 삼각형 AM_2C_1과 삼각형 AM_1C는 닮음이다.

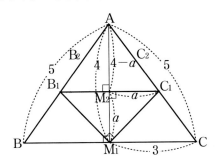

$\overline{M_2C_1}=a$라 하면 삼각형 $M_2M_1C_1$은 직각이등변삼각형이므로

$\overline{M_2M_1}=a$

$\dfrac{\overline{AM_2}}{\overline{M_2C_1}}=\dfrac{\overline{AM_1}}{\overline{M_1C_1}}$에서 $\dfrac{4-a}{a}=\dfrac{4}{3}$

∴ $a=\dfrac{12}{7}$

따라서 수열 $\{S_n\}$은 $S_1=a^2=\dfrac{144}{49}$이고

공비가 $\left(\dfrac{a}{3}\right)^2=\dfrac{16}{49}$인 등비수열이다.

∴ $\displaystyle\sum_{n=1}^{\infty}S_n=\dfrac{\dfrac{144}{49}}{1-\dfrac{16}{49}}=\dfrac{48}{11}$

12 〔정답〕②

$\displaystyle\sum_{n=1}^{\infty}\left(\dfrac{a_n}{3^n}-4\right)=2$이므로 $\displaystyle\lim_{n\to\infty}\left(\dfrac{a_n}{3^n}-4\right)=0$

∴ $\displaystyle\lim_{n\to\infty}\dfrac{a_n}{3^n}=4$

∴ $\displaystyle\lim_{n\to\infty}\dfrac{a_n+2^n}{3^{n-1}+4}=\lim_{n\to\infty}\dfrac{\dfrac{a_n}{3^n}+\left(\dfrac{2}{3}\right)^n}{\dfrac{1}{3}+\dfrac{4}{3^n}}=\dfrac{4+0}{\dfrac{1}{3}+0}=12$

13 〔정답〕①

$\overline{MN}$의 중점을 O, $\overline{HN}$과 $\overline{FM}$의 교점을 P, $\overline{GN}$과 $\overline{EM}$의 교점을 Q라 하면 $\overline{OM}=3$, $\overline{OP}=\sqrt{3}$, $\overline{MP}=2\sqrt{3}$ 이므로

$\square MPNQ=\dfrac{1}{2}\times6\times2\sqrt{3}=6\sqrt{3}$

또 내접하는 정사각형의 한 변의 길이를 $2a$라 하면 삼각형 PMO에서 $\angle PMO=\dfrac{\pi}{6}$이므로

$\dfrac{a}{3-a}=\dfrac{1}{\sqrt{3}}$ ∴ $a=\dfrac{3}{\sqrt{3}+1}$

따라서 내접하는 정사각형의 한 변의 길이는

$2a=\dfrac{6}{\sqrt{3}+1}$ 이므로 닮은비는 $\dfrac{1}{\sqrt{3}+1}$, 공비는

$\left(\dfrac{1}{\sqrt{3}+1}\right)^2$이다.

이때 $S_1=2($부채꼴 $MFE-\square MPNQ)=12(\pi-\sqrt{3})$이므로

$\displaystyle\lim_{n\to\infty}S_n=\dfrac{12(\pi-\sqrt{3})}{1-\left(\dfrac{1}{\sqrt{3}+1}\right)^2}=8\sqrt{3}\,(\pi-\sqrt{3})$

14 〔정답〕⑤

직각삼각형의 삼각비에서

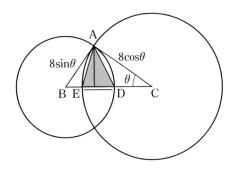

$\overline{AB}=\overline{BD}=8\sin\theta$, $\overline{AC}=\overline{CE}=8\cos\theta$

$\overline{ED}=\overline{BD}+\overline{CE}-8=8(\sin\theta+\cos\theta-1)$

이때 삼각형의 높이는 $h=8\sin\theta\cos\theta$이다.

따라서 $S(\theta)=\dfrac{1}{2}\times\overline{ED}\times h=32\sin\theta\cos\theta(\sin\theta+\cos\theta-1)$

$\dfrac{S(\theta)}{\theta^2}=32\times\dfrac{\sin\theta}{\theta}\times\cos\theta\times\left(\dfrac{\sin\theta}{\theta}+\dfrac{\cos\theta-1}{\theta}\right)$

여기서 $\displaystyle\lim_{\theta\to0}\dfrac{\sin\theta}{\theta}=1$, $\displaystyle\lim_{\theta\to0}\dfrac{\cos\theta-1}{\theta}=0$, $\displaystyle\lim_{\theta\to0}\cos\theta=1$이므로

$\displaystyle\lim_{\theta\to0}\dfrac{S(\theta)}{\theta^2}=32$

15 〔정답〕③

$ka_k=\displaystyle\lim_{n\to\infty}\dfrac{5^{n+1}}{5^n+4k^n}$이므로

$1\le k\le4$이면 $ka_k=5$,

$k=5$이면 $5a_5=\dfrac{5}{1+4}=1$,

$k\ge6$이면 $ka_k=0$

∴ $\displaystyle\sum_{k=1}^{10}ka_k=5+5+5+5+1+0+\cdots+0=21$

16 정답 ⑤

$(준식) = \lim\limits_{n \to \infty} \dfrac{(an^2 + bn) - (2n^2 + 1)}{\sqrt{an^2 + bn} + \sqrt{2n^2 + 1}}$

$= \lim\limits_{n \to \infty} \dfrac{(a-2)n^2 + bn - 1}{\sqrt{an^2 + bn} + \sqrt{2n^2 + 1}} = 1$에서

분자, 분모 차수가 동일해야 하므로, $a = 2$

극한값 $\dfrac{b}{\sqrt{a} + \sqrt{2}} = \dfrac{b}{2\sqrt{2}} = 1$, 즉 $b = 2\sqrt{2}$

$\therefore ab = 4\sqrt{2}$

17 정답 ③

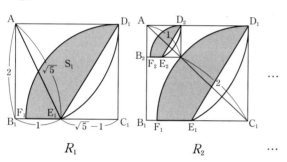

R_1 $\qquad\qquad R_2$ $\qquad$ …

S_1는 반지름이 2이고 중심각이 $\dfrac{\pi}{2}$인 부채꼴 $C_1D_1F_1$에서 삼각형 $C_1D_1E_1$ 넓이를 뺀 것과 같으므로

$S_1 = 4\pi \times \dfrac{1}{4} - (\sqrt{5} - 1) \times 2 \times \dfrac{1}{2} = \pi - \sqrt{5} + 1$

색칠한 도형의 닮음비는 사각형 $AB_1C_1D_1$와 $AB_2C_2D_2$의 닮음비와 같고, 각각 사각형의 대각선 길이비와 동일하므로 닮음비는 3:1이다.

즉, 닮음비가 $\dfrac{1}{3}$이므로, 색칠한 도형 넓이의 공비는 $\dfrac{1}{9}$이다.

$\therefore \dfrac{\pi - \sqrt{5} + 1}{1 - \dfrac{1}{9}} = \dfrac{9\pi - 9\sqrt{5} + 9}{8}$

18 정답 ④

$\triangle AOP$는 이등변삼각형이므로,

$\qquad \angle APO = \theta$, $\angle POQ = 2\theta$, $\angle COP = \dfrac{\pi}{2} - 2\theta$

$\triangle OCP$는 $\overline{OC} = \overline{OP}$인 이등변삼각형이므로,

$\angle OPC = \dfrac{\pi - \left(\dfrac{\pi}{2} - 2\theta\right)}{2} = \dfrac{\pi}{4} + \theta$

$\triangle AQS$에서 $\overline{QS} = \overline{AQ}\sin\theta = (2 + 2\tan\theta)\sin\theta$이고

$\triangle AOR$에서 $\overline{AR} = \dfrac{2}{\cos\theta}$이므로

$\overline{AS} = \overline{AQ}\cos\theta = (2 + 2\tan\theta)\cos\theta$이다.

따라서, $\overline{RS} = \overline{AS} - \overline{AR} = (2 + 2\tan\theta)\cos\theta - \dfrac{2}{\cos\theta}$ 이다.

$\therefore S(\theta) = \dfrac{1}{2} \times \overline{RS} \times \overline{QS}$

$\qquad = \dfrac{1}{2}(2 + 2\tan\theta)\sin\theta \times \left\{(2 + 2\tan\theta)\cos\theta - \dfrac{2}{\cos\theta}\right\}$

$(준식) = \lim\limits_{\theta \to 0+} \dfrac{S(\theta)}{\theta^2}$

$\qquad = \lim\limits_{\theta \to 0+} \dfrac{(1 + \tan\theta)\sin\theta \times \left\{\dfrac{(2 + 2\tan\theta)\cos^2\theta - 2}{\cos\theta}\right\}}{\theta^2}$에서

$\left\{\dfrac{(2 + 2\tan\theta)\cos^2\theta - 2}{\cos\theta}\right\} = \dfrac{2\cos^2\theta + 2\sin\theta\cos\theta - 2}{\cos\theta}$

$= 2\sin\theta - \dfrac{2(1 - \cos\theta)(1 + \cos\theta)}{\cos\theta}$이므로

$\therefore \lim\limits_{\theta \to 0+}(1 + \tan\theta) \times \dfrac{\sin\theta}{\theta} \times \left\{\dfrac{2\sin\theta}{\theta} - \dfrac{2(1 - \cos\theta)(1 + \cos\theta)}{\cos\theta \times \theta}\right\}$

$\qquad = 1 \times 1 \times (2 - 0) = 2$

19 정답 ②

준식 $= \lim\limits_{n \to \infty} \dfrac{\sqrt{an^2 + bn} + \sqrt{n^2 - 1}}{an^2 + bn - n^2 + 1} = 4$에서 분모와 분자의 차수가

동일해야하므로 $a = 1$.

$\lim\limits_{n \to \infty} \dfrac{\sqrt{an^2 + bn} + \sqrt{n^2 - 1}}{an^2 + bn - n^2 + 1} = \dfrac{2}{b} = 4 \Rightarrow b = \dfrac{1}{2}$ $\therefore ab = \dfrac{1}{2}$

20 정답 ⑤

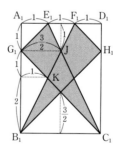 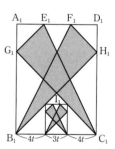

$S_1 = 4 \times 3 - \left\{3 \times \dfrac{1 \times 1}{2} + 2 \times \dfrac{3 \times 1}{2} + \dfrac{3}{2} \times \dfrac{3}{2}\right\} = \dfrac{21}{4}$

$\square A_2B_2C_2D_2$의 가로를 $3t$, 세로를 $4t$라 두면, $11t = 3 \Rightarrow 3t = \dfrac{9}{11}$에

서 $\square A_1B_1C_1D_1$와 $\square A_2B_2C_2D_2$의 닮음비는 $\dfrac{3}{11}$이므로, 공비는

$\dfrac{9}{121}$이다.

$\therefore \dfrac{\dfrac{21}{4}}{1 - \dfrac{9}{121}} = \dfrac{363}{64}$

21

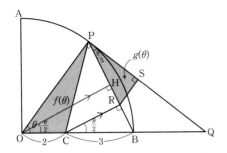

$f(\theta)=\dfrac{1}{2}\times 2\times 5\times\sin\theta$

$\triangle BOH \backsim \triangle BCR$이고 $\overline{BC}:\overline{CO}=3:2=\overline{BR}:\overline{RH}$,

$\overline{BH}=5\sin\dfrac{\theta}{2}$이므로 $\overline{RH}=2\sin\dfrac{\theta}{2}\Rightarrow\overline{PR}=7\sin\dfrac{\theta}{2}$이다.

$g(\theta)=\dfrac{1}{2}\times\overline{PR}\times\overline{PR}\cos\dfrac{\theta}{2}\sin\dfrac{\theta}{2}=\dfrac{1}{2}\left(7\sin\dfrac{\theta}{2}\right)^2\cos\dfrac{\theta}{2}\sin\dfrac{\theta}{2}$

$\therefore 80\times\left\{\lim\limits_{\theta\to 0+}\dfrac{g(\theta)}{\theta^2 f(\theta)}=\lim\limits_{\theta\to 0+}\dfrac{\dfrac{1}{2}\times 49\sin^2\dfrac{\theta}{2}\times\cos\dfrac{\theta}{2}\times\sin\dfrac{\theta}{2}}{\theta^2\times\dfrac{1}{2}\times 2\times 5\times\sin\theta}\right\}$

$=80\times\dfrac{49}{80}=49$

01

$f(x)=0$에서 $x=\dfrac{\pi}{2}(\because 0\le x\le\pi)$

따라서 함수 $y=f(x)$의 그래프는 점 $\left(\dfrac{\pi}{2},\ 0\right)$에서 x축과 만난다.

이때, $f(x)+f(\pi-x)=0$이므로 함수 $y=f(x)$의 그래프는

점 $\left(\dfrac{\pi}{2},\ 0\right)$에 대하여 대칭이다.

즉, $S_1=S_2$이므로

$S_1+S_2=2\displaystyle\int_0^{\frac{\pi}{2}}\dfrac{\cos x}{\sin x+2}dx$

$t=\sin x+2$라 하면

$x=0$일 때 $t=2$, $x=\dfrac{\pi}{2}$일 때 $t=3$이고

$dt=\cos xdx$이므로

$2\displaystyle\int_0^{\frac{\pi}{2}}\dfrac{\cos x}{\sin x+2}dx=2\int_2^3\dfrac{1}{t}dt=2\Big[\ln t\Big]_2^3=2(\ln 3-\ln 2)=2\ln\dfrac{3}{2}$

02

$f(x)=x\sin x$에서

$f'(x)=\sin x+x\cos x$, $f''(x)=2\cos x-x\sin x$

ㄱ. $f'(0)=0$, $f''(0)=2>0$이므로

$f(x)$는 $x=0$에서 극솟값을 갖는다. (참)

ㄴ. 원점에서 곡선 $y=f(x)$에 그은 접선을 생각하자.

곡선 $y=f(x)$ 위의 점 $(t,\ t\sin t)$에서의 접선의 방정식은

$y=(\sin t+t\cos t)(x-t)+t\sin t$

이고, 위의 접선이 원점을 지나므로

$0=(\sin t+t\cos t)(0-t)+t\sin t$

$t^2\cos t=0$ $\therefore t=0$ 또는 $\cos t=0$

$t=2n\pi+\dfrac{\pi}{2}(n$은 정수$)$일 때, $f'(x)=1$이므로

곡선 $y=f(x)$ 위의 점 $\left(2n\pi+\dfrac{\pi}{2},\ 2n\pi+\dfrac{\pi}{2}\right)$에서의 접선의 방정식은 $y=x$이다.

따라서 직선 $y=x$는 곡선 $y=f(x)$에 접한다. (참)

ㄷ. $f'\left(\dfrac{\pi}{2}\right)=1>0$이고 $f'\left(\dfrac{3}{4}\pi\right)=\dfrac{\sqrt{2}}{2}\left(1-\dfrac{3}{4}\pi\right)<0$이므로

$f'(a)=0$이고 $f'(x)$의 부호가 $x=a$를 기준으로 양에서 음으로 바뀌도록 하는 a가 구간 $\left(\dfrac{\pi}{2},\ \dfrac{3}{4}\pi\right)$에 존재한다.

따라서 함수 $f(x)$가 $x=a$에서 극댓값을 갖는 a가 구간 $\left(\dfrac{\pi}{2},\ \dfrac{3}{4}\pi\right)$에 존재한다. (참)

따라서 ㄱ, ㄴ, ㄷ 모두 옳다.

[다른 풀이]

ㄴ. 직선 $y=x$와 곡선 $y=f(x)$가 점 (t, t)에서 접할 때,

　$f(t)=t$이고 $f'(t)=1$이다.

　$f(t)=t$에서 $t\sin t=t$

　$\therefore t=0$ 또는 $t=2n\pi+\dfrac{\pi}{2}$ (n은 정수)

　$t=0$일 때, $f'(t)=0$이고

　$t=2n\pi+\dfrac{\pi}{2}$일 때, $f'(t)=1$이므로

　함수 $y=f(x)$는 직선 $y=x$와 점 $\left(2n\pi+\dfrac{\pi}{2},\ 2n\pi+\dfrac{\pi}{2}\right)$에서 접한다. (참)

 03　　　　　　　　　　　　　　　　　정답 ①

조건 (가), (나)에 의하여 함수 $y=f(x)$의 그래프는 다음 그림과 같다.

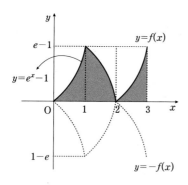

위 그림에서 $\displaystyle\int_1^3 f(x)dx$는 가로와 세로의 길이가 각각 1, $e-1$인 직사각형의 넓이와 같다.

$\therefore \displaystyle\int_0^3 f(x)dx=\int_0^1 (e^x-1)dx+(e-1)\times 1$

$\qquad =\left[e^x-x\right]_0^1+e-1$

$\qquad =2e-3$

 04　　　　　　　　　　　　　　　　　정답 ⑤

원 C가 굴러간 거리가 t일 때, 원의 중심을 C, 점 $(t, 3)$을 Q라 하면 주어진 조건에 의하여 $\angle PCQ=t$이다.

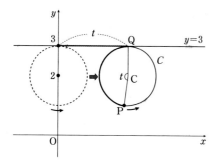

원 $x^2+y^2=1$ 위를 움직이는 점 P′에 대하여 동경 OP′이 x축의 양의 방향과 이루는 각이 $\dfrac{\pi}{2}+t$일 때, 점 P는 점 P′을 x축의 방향으로 t만큼, y축의 방향으로 2만큼 평행이동시킨 것이다.

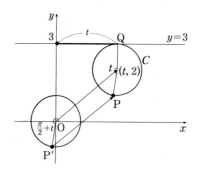

점 P의 좌표를 (x, y)라 할 때,

$x=\cos\left(\dfrac{\pi}{2}+t\right)+t=-\sin t+t$

$y=\sin\left(\dfrac{\pi}{2}+t\right)+2=\cos t+2$

이다.

따라서 원 C가 굴러간 거리가 t일 때, 곡선 F 위의 점에서의 접선의 기울기는

$\dfrac{dy}{dx}=\dfrac{\dfrac{dy}{dt}}{\dfrac{dx}{dt}}=\dfrac{-\sin t}{-\cos t+1}$

이므로 $t=\dfrac{2}{3}\pi$일 때, 접선의 기울기는

$\dfrac{dy}{dx}=\dfrac{-\sin\dfrac{2}{3}\pi}{-\cos\dfrac{2}{3}\pi+1}=-\dfrac{\sqrt{3}}{3}$

 05　　　　　　　　　　　　　　　　　정답 21

$f'(x)=nx^{n-1}\cdot\ln x+x^n\cdot\dfrac{1}{x}=x^{n-1}(n\ln x+1)$

$f'\left(\dfrac{1}{\sqrt[n]{e}}\right)=0$이고 $f'(x)$의 부호를 이용하여 $f(x)$의 증감을 표로 나타내면 다음과 같다.

t	0	$\cdots$	$\dfrac{1}{\sqrt[n]{e}}$	$\cdots$
$f'(t)$		$-$	0	$+$
$f(t)$		↘	극소	↗

따라서 함수 $f(x)$는 $x=\dfrac{1}{\sqrt[n]{e}}$에서 극소이며 최소이므로 최솟값은

$g(n)=f\left(\dfrac{1}{\sqrt[n]{e}}\right)=-\dfrac{1}{ne}$

이때 $g(n)\leq-\dfrac{1}{6e}$에서 $-\dfrac{1}{ne}\leq-\dfrac{1}{6e}$이므로

$n\leq 6$

따라서 구하는 자연수의 합은

$1+2+3+4+5+6=21$

06 정답 ②

$\int_0^1 tf(t)dt = c$ (c는 상수)라 하면 $f(x) = e^x + c$

$c = \int_0^1 tf(t)dt = \int_0^1 (te^t + ct)dt$

$= \left[te^t \right]_0^1 - \int_0^1 e^t dt + \left[\dfrac{ct^2}{2} \right]_0^1$

$= e - \left[e^t \right]_0^1 + \dfrac{c}{2}$

$= 1 + \dfrac{c}{2}$

즉, $c = 2$이므로 $f(x) = e^x + 2$

$\therefore \int_0^1 f(x)dx = \int_0^1 (e^x + 2)dx = \left[e^x - 2x \right]_0^1$

$\qquad = e + 1$

07 정답 ②

ㄱ. $\lim\limits_{x\to 0-} f(x) = \lim\limits_{x\to 0-}(1 + \sin x) = 1$

$\lim\limits_{x\to 0-} f(-x) = \lim\limits_{t\to 0+} f(t) = \lim\limits_{t\to 0+}(-1 + \sin t) = -1$

$\therefore \lim\limits_{x\to 0-} f(x)f(-x) = 1 \cdot (-1) = -1$

$\lim\limits_{x\to 0+} f(x) = \lim\limits_{x\to 0+}(-1 + \sin x) = -1$

$\lim\limits_{x\to 0+} f(-x) = \lim\limits_{t\to 0-} f(t) = \lim\limits_{t\to 0-}(1 + \sin t) = 1$

$\therefore \lim\limits_{x\to 0+} f(x)f(-x) = -1$ (참)

ㄴ. $x \to \dfrac{\pi}{2}$일 때, $f(x) \to 0-$이므로

$\lim\limits_{x\to \frac{\pi}{2}} f(f(x)) = \lim\limits_{t\to 0-} f(t) = \lim\limits_{t\to 0-}(1 + \sin t) = 1$

$f\left(f\left(\dfrac{\pi}{2} \right) \right) = f(0) = 1$

$\lim\limits_{x\to \frac{\pi}{2}} f(f(x)) = f\left(f\left(\dfrac{\pi}{2} \right) \right)$이므로 함수 $f(f(x))$는 $x = \dfrac{\pi}{2}$에서

연속이다. (참)

ㄷ. $g(x) = \{f(x)\}^2$이라 하면 $g(0) = 1$이므로

$\lim\limits_{x\to 0-} \dfrac{g(x) - g(0)}{x} = \lim\limits_{x\to 0-} \dfrac{(1 + \sin x)^2 - 1}{x}$

$= \lim\limits_{x\to 0-} \dfrac{2\sin x + \sin^2 x}{x} = 2 \left(\because \lim\limits_{x\to 0} \dfrac{\sin x}{x} = 1 \right)$

$\lim\limits_{x\to 0+} \dfrac{g(x) - g(0)}{x} = \lim\limits_{x\to 0+} \dfrac{(-1 + \sin x)^2 - 1}{x}$

$= \lim\limits_{x\to 0+} \dfrac{-2\sin x + \sin^2 x}{x} - 2 \left(\because \lim\limits_{x\to 0} \dfrac{\sin x}{x} = 1 \right)$

$\lim\limits_{x\to 0-} \dfrac{g(x) - g(0)}{x} \neq \lim\limits_{x\to 0+} \dfrac{g(x) - g(0)}{x}$이므로

$\lim\limits_{x\to 0} \dfrac{g(x) - g(0)}{x}$는 존재하지 않는다.

따라서 함수 $g(x)$는 $x = 0$에서 미분불가능하다. (거짓)

따라서 옳은 것은 ㄱ, ㄴ이다.

[다른 풀이]

ㄷ. 미분가능한 두 함수 $(1 + \sin x)^2$, $(-1 + \sin x)^2$의 도함수는 각각 $2(1 + \sin x)\cos x$, $2(-1 + \sin x)\cos x$이고, 이 두 함수는 실수 전체의 집합에서 연속이다.

$g(x) = \{f(x)\}^2$이라 하면

$\lim\limits_{x\to 0-} \dfrac{g(x) - g(0)}{x} = \lim\limits_{x\to 0-} 2(1 + \sin x)\cos x = 2$

$\lim\limits_{x\to 0+} \dfrac{g(x) - g(0)}{x} = \lim\limits_{x\to 0+} 2(-1 + \sin x)\cos x = -2$

$\lim\limits_{x\to 0-} \dfrac{g(x) - g(0)}{x} \neq \lim\limits_{x\to 0+} \dfrac{g(x) - g(0)}{x}$이므로

$\lim\limits_{x\to 0} \dfrac{g(x) - g(0)}{x}$는 존재하지 않는다.

따라서 함수 $g(x)$는 $x = 0$에서 미분불가능하다. (거짓)

08 정답 25

$x = t^3$에서 $\dfrac{dx}{dt} = 3t^2$이고 $x = 8$일 때, $t = 2$이다.

또 $y = 2t - \sqrt{2t}$에서 $\dfrac{dy}{dt} = 2 - \dfrac{1}{\sqrt{2t}}$이고 $t = 2$일 때, $a = 2$이다.

이때 점 $(8, a)$에서의 접선의 기울기는

$\left. \dfrac{dy}{dx} \right|_{x=8} = \dfrac{\left. \dfrac{dy}{dt} \right|_{t=2}}{\left. \dfrac{dy}{dt} \right|_{t=2}} = \dfrac{1}{8} = b$

$\therefore 100ab = 100 \cdot 2 \cdot \dfrac{1}{8} = 25$

09 정답 ②

$\int_0^{\frac{\pi}{2}} \tan \dfrac{x}{2} dx = \int_0^{\frac{\pi}{2}} \dfrac{\sin \frac{x}{2}}{\cos \frac{x}{2}} dx = -2 \left[\ln \cos \dfrac{\pi}{2} \right]_0^{\frac{\pi}{2}}$

$= -2 \ln \dfrac{\sqrt{2}}{2} = \ln 2$

10 　　　　정답 ①

$f(x)=a^x,\ f'(x)=a^x\cdot\ln a$이고

$g(x)=\begin{cases} a^x & (x\le b) \\ \log_a x & (x>b) \end{cases}$ 이므로

점 $(b,\,b)$에서 $g(x)$가 미분가능하려면

$f(b)=a^b=b$ ····· ㉠

$a^b\cdot\ln a=\dfrac{1}{\ln a}\cdot\dfrac{1}{b}$ ····· ㉡

를 만족해야 한다.

㉠에서 $a^b=b$이므로 ㉡에 대입하면

$b\ln a=\dfrac{1}{\ln a}\cdot\dfrac{1}{b}$

$(\ln a)^2=\left(\dfrac{1}{b}\right)^2\quad\therefore\ \ln a=-\dfrac{1}{b}\ (\because\ \ln a<0)$

즉 $a=e^{-\frac{1}{b}}$이고 $a^b=b$이므로 $b=e^{-1}$

따라서 $a=e^{-e}$이므로 $ab=e^{-e-1}$

11 　　　　정답 30

$y=\sin^2 x$

$y'=2\sin x\cos x=\sin 2x$

$y''=2\cos 2x=0\quad\therefore\ x=\dfrac{\pi}{4}$ 또는 $x=\dfrac{3\pi}{4}$

$x=\dfrac{\pi}{4}$일 때, 점 A는 $\left(\dfrac{\pi}{4},\,\dfrac{1}{2}\right)$이므로 $y'_{x=\frac{\pi}{4}}=1$

$\therefore\ l_1:y=x-\dfrac{\pi}{4}+\dfrac{1}{2}$ ····· ㉠

$x=\dfrac{3\pi}{4}$일 때, 점 B는 $\left(\dfrac{3\pi}{4},\,\dfrac{1}{2}\right)$이므로 $y'_{x=\frac{3\pi}{4}}=-1$

$\therefore\ l_2:y=-x+\dfrac{3\pi}{4}+\dfrac{1}{2}$ ····· ㉡

㉠, ㉡을 연립하면 $y=\dfrac{1}{2}+\dfrac{\pi}{4}$이므로

$p=\dfrac{1}{2},\ q=\dfrac{1}{4}$

$\therefore\ 40(p+q)=30$

12 　　　　정답 8

$y=f(x)$의 그래프는 원점에 대하여 대칭이므로

$f(x)\cos x$의 그래프는 원점에 대하여 대칭이고

$xf(x)$의 그래프는 y축에 대하여 대칭이다.

즉, $\displaystyle\int_{-\pi}^{\pi}(x+\cos x)f(x)dx=2\int_0^{\pi}xf(x)dx$이므로

$\displaystyle\int_0^{\pi}x^2f'(x)dx=\Big[x^2f(x)\Big]_0^{\pi}-2\int_0^{\pi}xf(x)dx$

$\displaystyle\qquad\qquad\qquad =0-2\int_0^{\pi}xf(x)dx=-8\pi$

따라서 $2\displaystyle\int_0^{\pi}xf(x)dx=8\pi$이므로

$k=8$

13 　　　　정답 30

$f(x)=x^3+ax^2-ax-a$의 역함수가 존재하려면

모든 실수 x에 대하여 $f'(x)=3x^2+2ax-a\ge 0$이다.

따라서 $\dfrac{D}{4}=a^2+3a=a(a+3)\le 0$이므로

$-3\le a\le 0$

이제 $f(k)=n$이라 하면 $g(n)=k$이고

$n\times g'(n)=\dfrac{n}{f'(k)}=\dfrac{f(k)}{f'(k)}=1$

이므로 $n\times g'(n)=1$을 만족시키는 경우는

$f(k)=f'(k)=n$

그러므로 자연수 n에 대하여

$-3\le a\le 0$일 때, $f(k)=f'(k)=n$

을 만족시키는 실수 a의 개수를 찾으면 된다.

$f(k)=f'(k)$에서

$k^3+ak^2-ak-a=3k^2+2ak-a$

$k^3+(a-3)k^2-3ak=0,\ k(k-3)(k+a)=0$

따라서 $k=0$ 또는 $k=3$ 또는 $k=-a$이고,

각각에 대하여 $f'(k)=n$을 풀면

(ⅰ) $k=0$ 이면 $-a=n$

(ⅱ) $k=3$ 이면 $27+5a=n$

(ⅲ) $k=-a$ 이면 $a^2-a=n$

이제 자연수 n에 대하여 위의 등식 (ⅰ),
(ⅱ), (ⅲ)을 만족하는 실수 $a(-3\le a\le 0)$의
개수는

오른쪽 그림에서 $1\le n\le 3$일 때 두 점에
서 만나고,

$4\le n\le 27$일 때 한 점에서 만난다.

즉, $a_1=a_2=a_3=2,\ a_4=a_5=\cdots$
$=a_{27}=1$이므로

$\displaystyle\sum_{n=1}^{27}a_n=2\times 3+1\times 24=30$

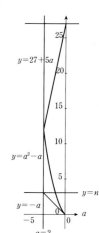

14

정답 9

$f(x) = \dfrac{2x}{x+1} = 2 - \dfrac{2}{x+1}$ 에서

$f'(x) = \dfrac{2}{(x+1)^2}$ 이므로

$f'(0) = 2, \ f'(1) = \dfrac{1}{2}$

이때 $\tan\theta = \dfrac{2 - \dfrac{1}{2}}{1 + 2 \times \dfrac{1}{2}} = \dfrac{3}{4}$ 이므로

$12\tan\theta = 9$

15

정답 ③

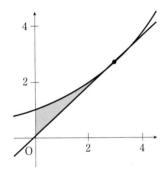

$y' = \dfrac{1}{3}e^{\frac{x}{3}}$ 이므로 접선의 방정식은 $y = \dfrac{e}{3}x$

$\therefore S = \displaystyle\int_0^3 \left(e^{\frac{x}{3}} - \dfrac{e}{3}x\right)dx = \left[3e^{\frac{x}{3}} - \dfrac{e}{6}x^2\right]_0^3 = \dfrac{3}{2}e - 3$

16

정답 18

$f(x)$는 아래와 같은 그래프이다.

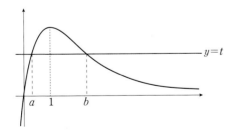

$f(x) = \dfrac{x}{e^x} = xe^{-x}, \ f'(x) = (1-x)e^{-x}$ 이므로

$x = 1$에서 극댓값 $f(1) = \dfrac{1}{e}$ 을 가진다.

$g(t) = \displaystyle\int_0^{12} |f(x) - t|\,dx$ 에서,

$t > \dfrac{1}{e}$ 이면 $g(t) = \displaystyle\int_0^{12}(t - f(x))dx = 12t - \int_0^{12}f(x)dx$ 이다.

즉, $g'(1) = 12$ 이다.

$\dfrac{12}{e^{12}} \le t \le \dfrac{1}{e}$ 일 때 $f(x) = t$는 두 실근 $a, b \ (a < b)$를 갖는다.

$g(t) = \displaystyle\int_0^{12}|f(x) - t|\,dx$

$= \displaystyle\int_0^a (t - f(x))dx + \int_a^b (f(x) - t)dx + \int_b^{12}(t - f(x))dx$ 이다.

$= at - \displaystyle\int_0^a f(x)dx + \int_a^b f(x)dx - (b-a)t + (12-b)t - \int_b^{12}f(x)dx$

이므로,

$g'(t) = a - (b - a) + (12 - b) = 12 + 2(a - b)$ 이다.

즉, $b - a = 6$일 때 $g(t)$는 극솟값을 갖는다.

따라서 $f(a) = f(a+6)$, $\dfrac{a}{e^a} = \dfrac{a+6}{e^{a+6}}$, 즉 $\dfrac{a+6}{a} = e^6$ 이다.

즉, $\ln\left(\dfrac{6}{a} + 1\right) = \ln e^6 = 6$ 이다. $\therefore g'(1) + \ln\left(\dfrac{6}{a} + 1\right) = 12 + 6 = 18$

17

정답 ②

$xf(x) = x^2 e^{-x} + \displaystyle\int_1^x f(t)dt$ 에 $x = 1$을 대입하면 $f(1) = e^{-1}$

양변을 x에 대하여 미분하면

$f(x) + xf'(x) = 2xe^{-x} - x^2 e^{-x} + f(x)$

$f'(x) = 2e^{-x} - xe^{-x}$

즉, $f(x) = \displaystyle\int (2e^{-x} - xe^{-x})dx = -2e^{-x} + xe^{-x} - \int e^{-x}dx$

$= -2e^{-x} + xe^{-x} + e^{-x} + C = (x-1)e^{-x} + C$

$f(1) = e^{-1}$이므로 $C = e^{-1}$

$f(x) = (x-1)e^{-x} + e^{-1}$

$\therefore f(2) = e^{-2} + e^{-1} = \dfrac{e+1}{e^2}$

18

정답 ②

$\dfrac{g(x)}{x^2} = \dfrac{f(x)}{x^2} \times \sin x$ 이고, $\sin x$는 진동발산한다.

$x \to \infty$일 때, $\dfrac{g(x)}{x^2}$ 가 0으로 수렴하려면 $\displaystyle\lim_{x \to \infty}\dfrac{f(x)}{x^2} = 0$이다.

따라서 $f(x) = ax + b$와 같이 일차 이하의 다항식이다.

$g(x) = (ax + b)\sin x$에서

$g'(x) = a\sin x + (ax + b)\cos x$

이때 $\displaystyle\lim_{x \to 0}\dfrac{g'(x)}{x} = 6$이므로 $g'(0) = 0$에서 $b = 0$

즉, $\displaystyle\lim_{x \to 0}\dfrac{a\sin x + ax\cos x}{x} = 6$이므로 $a = 3$

따라서 $f(x) = 3x$이므로 $f(4) = 12$

19 정답 ⑤

$g(x) = |2\cos kx + 1|$은 아래 그래프와 같이 주기가 $\dfrac{2\pi}{k}$이고 치역은 $\{y | 0 \le x \le 3)\}$인 함수이다.

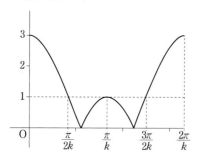

$k = n$일 때 $g(x)$를 $g_n(x)$, $h(x)$를 $h_n(x)$라 하자.

ㄱ. $k = 1$일 때, $g_1(x) = |2(\cos x) + 1|$와 $h_1(x) = 4\sin\left(\dfrac{\pi}{6}g(x)\right)$의 그래프는 그림과 같다.

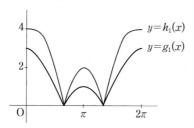

즉, $x = \dfrac{2}{3}\pi$, $x = \dfrac{3}{4}\pi$에서 $h_1(x)$는 미분가능하지 않다.

ㄴ. $g_2(x) = |2\cos 2x + 1|$와 $h_2(x) = 4\sin\left(\dfrac{\pi}{6}g(x)\right)$의 그래프는 아래와 같다.

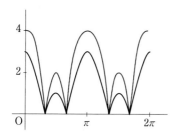

$h_2(x) = 2$의 실근은 $\sin\left(\dfrac{\pi}{6}g(x)\right) = \dfrac{1}{2}$을 만족하므로 $g(x) = 1$이다.

즉, $\cos(2x) = 0$ 또는 $\cos(2x) = -1$

$x = \dfrac{\pi}{4}, \dfrac{3}{4}\pi, \dfrac{5}{4}\pi, \dfrac{7}{4}\pi$ 또는 $\dfrac{\pi}{2}, \dfrac{3}{2}\pi$ …… 6개이다.

ㄷ. 아래와 같이 $y = h_1(x)$과 $y = 1$의 그래프에서

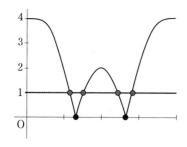

미분가능하지 않은 점은 다음과 같이 6개이다. ∴ $a_1 = 6$

$y = h_2(x)$과 $y = 2$의 그래프에서

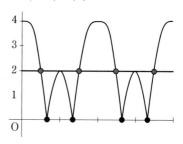

미분가능하지 않은 점은 다음과 같이 8개이다. ∴ $a_2 = 8$

$y = h_3(x)$과 $y = 3$의 그래프에서

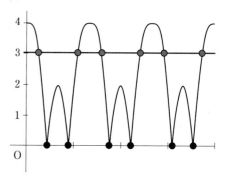

미분가능하지 않은 점은 다음과 같이 12개이다. ∴ $a_3 = 12$

$y = h_4(x)$과 $y = 4$의 그래프에서

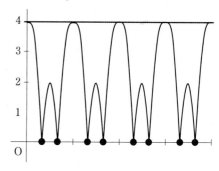

미분가능하지 않은 점은 다음과 같이 8개이다. ∴ $a_4 = 8$

즉 ∴ $\displaystyle\sum_{k=1}^{4} a_k = 6 + 8 + 12 + 8 = 34$

20 정답 12

$f'(x) = 3(3 + e^x)(3x + e^x)^2$이므로

$f'(0) = 3 \times 4 \times 1 = 12$

21 정답 ④

$f(x)=xe^{2x}-(4x+a)e^x$ 에서

$f'(x)=(2x+1)e^{2x}-(4x+a+4)e^x$

$f'\left(-\dfrac{1}{2}\right)=0$ 이므로 $a=-2$

따라서 $f'(x)=(2x+1)e^x(e^x-2)$ 이고

극솟값은 $f(\ln 2)=4-4\ln 2$ 이다.

22 정답 6

$x=2\sqrt{2}\sin t+\sqrt{2}\cos t,\ y=\sqrt{2}\sin t+2\sqrt{2}\cos t$

$\dfrac{dx}{dt}=2\sqrt{2}\cos t-\sqrt{2}\sin t,\ \dfrac{dy}{dt}=\sqrt{2}\cos t-2\sqrt{2}\sin t$

$t=\dfrac{\pi}{4}$ 이면 $x=3,\ y=3,\ \dfrac{dx}{dt}=1,\ \dfrac{dy}{dt}=-1$ 이므로

접선의 방정식은 $y-3=-(x-3)$

따라서 y절편은 6이다.

23 정답 ③

$f'(x)=\dfrac{e^x(\sin x+\cos x)-e^x(\cos x-\sin x)}{(\sin x+\cos x)^2}$

$=\dfrac{2e^x\sin x}{(\sin x+\cos x)^2}$

$f(x)=f'(x)$ 이므로 $2\sin x=\sin x+\cos x$

$\tan x=1 \ \therefore\ x=\dfrac{\pi}{4}$

24 정답 ③

수직선 운동에서 점 P의 속도를 $v(t)=t\sin t$ 로 보면

$\displaystyle\int_0^x |t\sin|\,dt,\ \int_0^x t\sin t\,dt$

는 각각 움직인 거리와 위치의 변화량이고, $v(t)$의 부호에 따라 구간을 적분하면

$\displaystyle\int_0^{\pi} t\sin t\,dt=\left[-t\cos t+2\sin t\right]_0^{\pi}=\pi$

$\displaystyle\int_{\pi}^{2\pi} t\sin t\,dt=\left[-t\cos t+2\sin t\right]_{\pi}^{2\pi}=-3\pi$

$\displaystyle\int_{2\pi}^{3\pi} t\sin t\,dt=\left[-t\cos t+2\sin t\right]_{2\pi}^{3\pi}=5\pi$ 이다.

ㄱ. $f(2\pi)=(\pi+3\pi)-|\pi-3\pi|=2\pi$ (참)

ㄴ. $\pi<\alpha<2\pi$ 이고, $\displaystyle\int_0^{\alpha} t\sin t\,dt=0$ 이면 $\displaystyle\int_0^{2\pi}t\sin t\,dt=-2\pi$ 에서

$\displaystyle\int_{2\pi}^0 t\sin t\,dt=2\pi$ 이다.

$\displaystyle\int_0^{\pi} t\sin t\,dt=\pi$ 이므로 $\displaystyle\int_0^{\alpha} t\sin t\,dt=-\pi$ 이다.

$\therefore\ f(\alpha)=(\pi+\pi)-|\pi-\pi|=2\pi$ (거짓)

ㄷ. $2\pi<\beta\le x\le 3\pi,\ \displaystyle\int_0^{\beta} t\sin t\,dt=0$ 이면 에서

$f(x)=\displaystyle\int_0^x |t\sin t|\,dt-\left|\int_0^x t\sin t\,dt\right|$

$=\pi+3\pi+2\pi+\displaystyle\int_{\beta}^x t\sin t\,dt-\int_{\beta}^x t\sin t\,dt=6\pi$

$\therefore\ \displaystyle\int_{\beta}^{3\pi} f(x)\,dx=6\pi(3\pi-\beta)$ (참)

따라서 옳은 것은 ㄱ, ㄷ이다.

25 정답 ②

$\displaystyle\lim_{n\to\infty}\sum_{k=1}^n \dfrac{\frac{1}{n}}{1+\left(\frac{3k}{n}\right)}\int_0^1 \dfrac{1}{1+3x}\,dx=\left[\dfrac{1}{3}\ln|1+3x|\right]_0^1=\dfrac{2}{3}\ln 2$

26 정답 ④

곡선 길이 $=\displaystyle\int_0^{\ln 7}\sqrt{\left(\dfrac{dx}{dt}\right)^2+\left(\dfrac{dy}{dt}\right)^2}\,dt$ 이다.

$\dfrac{dx}{dt}=e^t(\cos(\sqrt{3}t)-\sqrt{3}\sin(\sqrt{3}t))$,

$\dfrac{dy}{dt}=e^t(\sin(\sqrt{3}t)+\sqrt{3}\cos(\sqrt{3}t))$ 이고

$\left(\dfrac{dx}{dt}\right)^2+\left(\dfrac{dy}{dt}\right)^2$

$=e^{2t}\{\cos^2(\sqrt{3}t)+\sin^2(\sqrt{3}t)+3\sin^2(\sqrt{3}t)+3\cos^2(\sqrt{3}t)\}$

$=4e^{2t}$ 이므로

곡선 길이는 $\therefore\ \displaystyle\int_0^{\ln 7} 2e^t\,dt=[2e^t]_0^{\ln 7}=12$

27 정답 ①

곡선을 $g(x)$라 하면, $g(f(t))=t$ 이므로 $g,\ f$는 서로 역함수 관계이다.

$g(x)=2\ln 5$ 를 만족하는 x좌표: $2x^2+2x+1=25,\ x=3\ (\because\ x>0)$

$g'(x)=\dfrac{4x+2}{2x^2+2x+1},\ g'(3)=\dfrac{14}{25}$

$\therefore\ f'(2\ln 5)=\dfrac{1}{g'(3)}=\dfrac{25}{14}$

28 [정답] 19

$g(x)=\int_{-1}^{x}|f(t)\sin t|dt$이므로 $g(-1)=0$이고

$g'(x)=|f(x)(\sin x)|=\begin{cases} f(x)\sin x & (-1\leq x\leq 0) \\ -f(x)\sin x & (0\leq x\leq 1) \end{cases}$ 이다.

조건 (나)에서 $\int_{-1}^{0}|f(x)\sin x|dx=g(0)=2$,

$\int_{0}^{1}|f(x)\sin x|dx=g(1)-g(0)=3$이므로 $g(1)=5$

$\int_{-1}^{1}f(-x)g(-x)\sin x\,dx$에서 $-x=t$로 치환하면

$-\int_{-1}^{1}f(t)g(t)\sin t\,dt$

즉, $-\int_{-1}^{1}f(t)g(t)\sin t\,dt$

$=-\left\{\int_{-1}^{0}g'(t)g(t)\,dt+\int_{0}^{1}-g'(t)g(t)\,dt\right\}$

$=\left[-\frac{1}{2}\{g(t)\}^2\right]_{-1}^{0}+\left[-\frac{1}{2}\{g(x)\}^2\right]_{0}^{1}$

$=\frac{1}{2}\{g^2(-1)-g^2(0)+g^2(1)-g^2(0)\}=\frac{17}{2}$

$\therefore p+q=19$

29 [정답] 41

함수 $g(x)$의 도함수는 다음과 같이

$g'(x)=\begin{cases} f(x) & (0<x<2) \\ \dfrac{f'(x)(x-1)-f(x)}{(x-1)^2} & (x<0 \text{또는} x>2) \end{cases}$ 이다.

조건 (가)에서 $x=0$에서 연속: $f(0)=-f(0)$, $f(0)=0$ 이고 $g(2)=f(2)\neq 0$이다.

조건 (나)에서 $g(x)$가 $x=0$에서 미분이 가능하려면 $f'(0)=-f'(0)-f(0)$에서 $f'(0)=0$이다.

한편, $g(x)$가 $x=2$에서 미분이 가능하려면 $f'(2)=f'(2)-f(2)$에서 $f(2)=0$이므로 모순이다.

즉, $g(x)$는 $x=2$에서 미분 불가능하고, $g(x)$는 미분 불가능한 x값이 하나이므로 $x=0$에서 미분가능하다.

즉, $f'(0)=0$

조건 (다)에서 $f(x)=x^2(x-k)$라 할 때, $g'(k)=\frac{16}{3}$이므로

$0<k<2$; $g'(k)=3k^2-2k^2=\frac{16}{3}$, $k^2=\frac{16}{3}$이므로 조건에 맞는 k는 존재하지 않는다.

$k\leq 0$또는 $k>2$; $g'(k)=\frac{k^2(k-1)}{(k-1)^2}=\frac{16}{3}$, $k=4$이다.

따라서 $f(x)=x^2(x-4)$,

$g'(x)=\begin{cases} 3x^2-8x & (0\leq x<2) \\ \dfrac{x(2x^2-7x+8)}{(x-1)^2} & (x\leq 0 \text{ 또는 } x>2) \end{cases}$ 이다.

$x\neq 2$인 모든 실수에서 $g'(x)=0$을 만족하는 x값은 $x=0$ 이나 좌우에서 부호 변화가 없으므로 극소가 아니다.

$x=2$에서는 미분 불가능하나 $\lim_{x\to 2-}g'(x)=-4$, $\lim_{x\to 2+}g'(x)=4$로 부호가 좌우에서 음수→양수로 바뀌므로 극소이다.

$\therefore g(2)=f(2)=-8=p$, $p^2=64$

30 [정답] ③

$f(1)=5$이므로 $f'(x)=3x^2+3$에서, $g'(5)=\frac{1}{f'(1)}=\frac{1}{6}$

$\therefore h'(g(5))\times g'(5)=h'(1)\times\frac{1}{6}=\frac{e}{6}$

31 [정답] ①

$\therefore \lim_{n\to\infty}\sum_{k=1}^{n}\frac{\frac{2}{n}}{1+\frac{k}{5}}f\left(1+\frac{k}{5}\right)=\int_{1}^{2}\frac{2f(x)}{x}dx=\int_{1}^{2}2xe^{x^2-1}dx$

$=[e^{x^2-1}]_{1}^{2}=e^3-1$

32 [정답] ④

$f(x)=\int\frac{\ln t}{t^2}dt=-\frac{1}{t}\ln t-\int\frac{1}{t}\times-\frac{1}{t}dt=-\frac{\ln t}{t}-\frac{1}{t}+C$

$f(1)=-1+C=0 \Rightarrow C=1$

$\therefore f(e)=-\frac{1}{e}-\frac{1}{e}+1=\frac{e-2}{e}$

33 [정답] ②

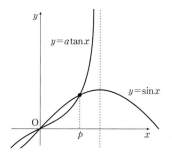

두 곡선의 교점의 x좌표를 p라 하면

$\sin p = a\tan p \Rightarrow a = \cos p$이므로 $\dfrac{da}{dp} = -\sin p$이다.

$f(a) = \displaystyle\int_0^p (\sin x - a\tan x)dx = -\cos p + a\ln|\cos p|$이므로

$f'(a) = \dfrac{df}{da} = \sin p \dfrac{dp}{da} + \ln|\cos p| - a\tan p \dfrac{dp}{da}$이다.

이 때, $a = \cos p = \dfrac{1}{e^2} \Rightarrow \sin p = \dfrac{\sqrt{e^2-1}}{e^2}$, $\tan p = \sqrt{e^2-1}$이므로

$\therefore f'\left(\dfrac{1}{e^2}\right) = \sin p\left(-\dfrac{1}{\sin p}\right) + \ln\dfrac{1}{e^2} + \dfrac{1}{e^2} \times \sqrt{e^2-1}$

$\qquad\qquad \times \dfrac{e^2}{\sqrt{e^2-1}} = -2$

---

34   정답 4

(가) $\displaystyle\lim_{x\to 0-}g(x) = \lim_{x\to 0-}\dfrac{f(x+1)}{x} = 2 \Rightarrow f(1) = 0, f'(1) = 2$ 이므로

$f(x) = -2(x-1)(x-2)$ $a > 0$에서 $g(x) = f(x)e^{x-a} + b$

$g'(x) = (f(x) + f'(x))e^{x-a} = (-2x^2 + 2x + 2)e^{x-a}$

$g'(a) = -2a^2 + 2a + 2 = -2 \Rightarrow a = 2$

따라서 $g(x) = \begin{cases} -2(x-1) & (x<0) \\ -2(x-1)(x-2)e^{x-2} + b & (x\geq 0) \end{cases}$ 이다.

(나)에서 $s < 0 \leq t$인 임의의 s, t에서의 기울기가 항상 2 이하이므로 $y = -2(x-1)(x-2)e^{x-2} + b$가 $y = -2(x-1)$와 접하거나 아래에 위치해야 한다.

b가 최대이려면 $y = -2(x-1)(x-2)e^{x-2} + b$와 $y = -2(x-1)$가 접할 때이므로 접점의 x좌표를 m이라 하면 $g'(m) = -2 \Rightarrow m = 2$ 접점 $(2, -2)$가 $g(x)$위의 점이므로 $b = -2$이다.

$\therefore a - b = 4$

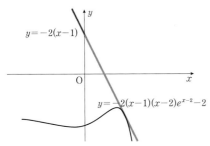

선택 과목: 기하 정답

이차곡선	01 ④	02 25	03 ④	04 22	05 ⑤
	06 ②	07 ②	08 16	09 ④	10 12
	11 40	12 ①	13 66	14 ④	15 ②
	16 ⑤				
벡터와 공간도형	01 ②	02 ②	03 ④	04 ④	05 17
	06 ⑤	07 14	08 ④	09 ①	10 ③
	11 ⑤	12 ②	13 ④	14 ⑤	15 37
	16 ①	17 ⑤	18 ③	19 261	20 7

이차곡선

01   정답 ④

$y^2 - 4y - 8x + 28 = 0$에서 $(y-2)^2 = 8(x-3)$

$y^2 = 8x$의 그래프를 x축으로 3만큼, y축으로 2만큼 평행이동한 식이므로 초점의 좌표는 $F(5, 2)$, 축의 방정식은 $y = 2$이다.

포물선과 직선 $x = 5$가 만나는 점의 y좌표는 $y^2 - 4y - 12 = 0$에서 $y = -2$ 또는 $y = 6$

따라서 현의 길이: $6 - (-2) = 8$

02   정답 25

$x + y = k$라 두고 이 식을 타원에 대입하면

$9x^2 + 16(k-x)^2 = 144$

$25x^2 - 32kx + (16k^2 - 144) = 0$이 두 실근을 가져야 하므로

$\dfrac{D}{4} = (16k)^2 - 25(16k^2 - 144) \geq 0$

$144k^2 \leq 25 \times 144$

$\therefore k^2 \leq 25$

$-5 \leq k \leq 5$이므로 최댓값 $M = 5$

$\therefore M^2 = 25$

03 정답 ④

교점 A, B의 x좌표를 각각 α, β라 두면

포물선 $y^2 = 12x = 4 \cdot 3 \cdot x$에서

초점 F(3, 0), 준선의 방정식은 $x = -3$이고

$\overline{AF} : \overline{BF} = 4 : 1$이므로 포물선의 정의에서

$(\alpha + 3) : (\beta + 3) = 4 : 1$이므로 $\alpha - 4\beta = 9$ ······ ㉠

또, 내분점 공식에서 $\dfrac{4\beta + \alpha}{4 + 1} = 3$이므로 $\alpha + 4\beta = 15$ ······ ㉡

㉠, ㉡에서 $\alpha = 12$, $\beta = \dfrac{3}{4}$

$\therefore$ A $(12, 12)$, B $\left(\dfrac{3}{4}, -3\right)$

그러므로 직선 l의 방정식은 (직선 AF)

$y - 0 = \dfrac{12 - 0}{12 - 3}(x - 3)$, $y = \dfrac{4}{3}(x - 3)$

따라서 $4x - 3y = 12$이므로 $a = 4$, $b = -3$

$\therefore a - b = 7$

04 정답 22

$\overline{AB} = \overline{CD} = 10$이고, $\overline{CD}$와 x축과의 교점을 F'라 두면

쌍곡선의 정의에 의해서

$\overline{CF} - \overline{CF'} = 6$,

$\overline{DF} - \overline{DF'} = 6$(주축의 길이)이므로

두식을 더하면

$\overline{CF} + \overline{DF} - (\overline{CF'} + \overline{DF'}) = \overline{CF} + \overline{DF} - \overline{CD} = 12$

$\therefore \overline{CF} + \overline{DF} = \overline{CD} + 12 = 22$

05 정답 ⑤

구하는 타원의 방정식을

$\dfrac{x^2}{a^2} + \dfrac{y^2}{b^2} = 1(a > b > 0, c^2 = a^2 - b^2)$라 두면

$2a = 14$에서 $a = 7$

$c^2 = a^2 - b^2$에서 $25 = 49 - b^2$이므로 $b^2 = 24$

그러므로 타원의 방정식은 $\dfrac{x^2}{49} + \dfrac{y^2}{24} = 1$이다.

$x = 5$를 대입하면 $y = \pm\dfrac{24}{7}$이므로

구하는 꽃밭의 넓이는

$10 \times \dfrac{48}{7} = \dfrac{480}{7}$ m²

06 정답 ②

$\overrightarrow{CP} - \overrightarrow{AP} = (\overrightarrow{CP} + \overrightarrow{PB}) - (\overrightarrow{AP} + \overrightarrow{PB})$

$= (\overrightarrow{AB} + \overrightarrow{BC} + \overrightarrow{CD}) - (\overrightarrow{AB} + \overrightarrow{BC})$

$= \overrightarrow{CD} = \overrightarrow{AB}$

$= 8$

07 정답 ②

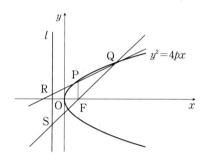

점 P에서 준선에 내린 수선의 발을 H,

점 Q에서 준선에 내린 수선의 발을 H'라 하면

$\overline{PF} : \overline{QF} = \overline{PH} : \overline{QH}$이고 $\overline{PH} = 2p$이므로 $\overline{QH} = 5p$이다.

$\triangle QPF \backsim \triangle QRS$이므로 닮음비는 3:5이다.

따라서 $\dfrac{\overline{QF}}{\overline{FS}} = \dfrac{\overline{QH'} - \overline{PH}}{\overline{PH}}$이므로 $\dfrac{3}{2}$이다.

08 정답 16

$l : \dfrac{3x}{25} + \dfrac{\frac{16}{5}y}{16} = 1$, $3x + 5y - 25 = 0$

타원의 두 초점은 F(3, 0), F(−3, 0)이므로

$d \cdot d' = \dfrac{|9 - 25|}{\sqrt{9 + 25}} \cdot \dfrac{|-9 - 25|}{\sqrt{9 + 25}} = \dfrac{16 \cdot 34}{34} = 16$

09 정답 ④

점 A, B에서 x축에 내린 수선의 발을 각각 A′, B′이라 하고

준선 $x = -2$에 내린 수선의 발을 각각 H_1, H_2라 하자.

$\overline{BF} = l$이라 하면 $\overline{AF} = 3l$이고

포물선의 정의에 의해서 $\overline{AH_1} = 3l$, $\overline{BH_2} = l$

따라서 점 A, B의 x좌표는 각각 $3l-2$, $l-2$이다.

$\triangle FAA'$과 $\triangle FBB'$은 닮음이고 닮음비는 $3:1$이다.

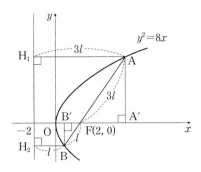

$\overline{FA'}=(3l-2)-2=3l-4$이고

$\overline{FB'}=2-(l-2)=4-l$이므로

$\overline{FA'}:\overline{FB'}=3:1$에서

$(3l-4):(4-l)=3:1$

따라서 $3(4-l)=3l-4$에서 $l=\dfrac{8}{3}$

$\therefore \overline{AB}=4l=\dfrac{32}{3}$

⑩ 정답 12

$2x^2+y^2=16$에서 $\dfrac{x^2}{8}+\dfrac{y^2}{16}=1$

따라서 타원의 장축의 길이는 $2\times 4=8$이다.

타원의 정의에 의하여

$\overline{PF}+\overline{PF'}=8$ ····· ㉠

$\dfrac{\overline{PF'}}{\overline{PF}}=3$에서 $\overline{PF'}=3\times\overline{PF}$ ····· ㉡

㉠, ㉡에서 $\overline{PF}=2$, $\overline{PF'}=6$

$\therefore \overline{PF}\times\overline{PF'}=12$

⑪ 정답 40

쌍곡선의 초점은 $F(3, 0)$, $F'(-3, 0)$이므로 $a=25$

$\left|\overline{PF}^2-\overline{PF'}^2\right|=\left|(\overline{PF}+\overline{PF'})(\overline{PF}-\overline{PF'})\right|=10\times 4=40$

⑫ 정답 ①

점 $P(a, b)$라 하면, $a^2-\dfrac{b^2}{3}=1$이고, 점 P에서의 접선은

$ax-\dfrac{by}{3}=1$이다.

x절편이 $\dfrac{1}{3}$이므로 $\dfrac{1}{3}a=1$, $a=3$

$a^2-\dfrac{b^2}{3}=1$에서 $b^2=24$, $b=2\sqrt{6}$

즉, $P(3, 2\sqrt{6})$, $F(2, 0)$이므로 $\therefore \overline{PF}=\sqrt{1+24}=5$

⑬ 정답 66

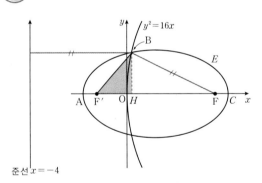

타원 E의 장축에서의 다른 한 꼭짓점을 C라 하고,

점 B에서 x축에 내린 수선의 발을 H라 하자.

$\overline{BF}=\dfrac{21}{5}$이므로, 점 B에서 준선까지의 거리는 $\dfrac{21}{5}$,

$\overline{OH}=\dfrac{1}{5}$이므로 점 $B\left(\dfrac{1}{5}, \dfrac{4}{\sqrt{5}}\right)$이다.

$\overline{BF'}=S$라 두면, 장축의 길이는 $\dfrac{21}{5}+S$이다.

또한, $\overline{AF}=6$이므로 $\overline{AF'}=\overline{CF}=\left(\dfrac{21}{5}+S\right)-6=S-\dfrac{9}{5}$이다.

$\overline{HF'}=\overline{AH}-\overline{AF'}=4-S$이다.

$\triangle BF'H$에서 $S^2=(4-S)^2+\dfrac{16}{5}$, $S=\dfrac{12}{5}$

따라서, 장축 $k=\dfrac{21}{5}+S=\dfrac{33}{5}$, $\therefore 10k=66$

⑭ 정답 ④

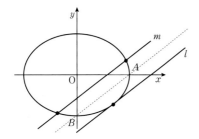

$\triangle$ABP넓이가 k인 점 P의 개수가 3개이려면, 그림과 같이 $\overline{AB}$와 기울기가 같고 타원에 접하는 접선 l의 접점이 P중 하나여야 하고 나머지 두 점은 $\overline{AB}$와 l사이의 거리와 같은 거리에 위치한 직선 m과 타원의 교점이어야 한다.

접선 l : $y = \dfrac{3}{4}x - \sqrt{\dfrac{9}{16} \times 16 + 9} = \dfrac{3}{4}x - 3\sqrt{2}$

접선 l과 점 A사이의 거리 $d = \dfrac{|-12-12\sqrt{2}|}{5} = \dfrac{12(\sqrt{2}-1)}{5}$

$\therefore k = \dfrac{1}{2} \times 5 \times \dfrac{12(\sqrt{2}-1)}{5} = 6(\sqrt{2}-1)$

⑮ 정답 ②

$ax^2 - 4y^2 = a \Rightarrow \dfrac{x^2}{1} - \dfrac{y^2}{\frac{a}{4}} = 1$이므로 주축 길이는 2이다.

즉 $\overline{PF'} - \overline{PF} = 2$, $\overline{PF} = \sqrt{6}-1$, $\overline{PF'} = \sqrt{6}+1$, $\overline{QF'} = 2$이다.

$\triangle$QFF'에서 $\angle$F'QF = 120°이므로, 코사인법칙에 의해

$\overline{FF'}^2 = 2^2 + (\sqrt{6}-1)^2 - 2 \times 2 \times (\sqrt{6}-1) \times \left(-\dfrac{1}{2}\right) = 9$

$\therefore \overline{FF'}^2 = 9 = 4\left(1 + \dfrac{a}{4}\right) \Rightarrow a = 5$

⑯ 정답 ⑤

$\dfrac{\overline{BJ}}{\overline{BI}} = \dfrac{2\sqrt{15}}{3}$이므로 $\overline{BI} = 3k$, $\overline{BJ} = 2\sqrt{15}k$라 두자.

$\triangle$AJB에서 $\overline{AJ} = 8\sqrt{5} - 3k$이므로 피타고라스 정리에 의해

$(8\sqrt{5})^2 - (8\sqrt{5}-3k)^2 = (2\sqrt{15}k)^2 \Rightarrow k = \sqrt{5}$, $\overline{AJ} = 2\sqrt{5}$, $\overline{BJ} = 10\sqrt{3}$

또한 $\triangle$AJB $\triangle$AHC이고 $\overline{AJ} : \overline{AH} = 2 : 5$이므로

$\therefore \overline{HC} = \dfrac{5}{2}\overline{BJ} \Rightarrow \dfrac{5}{2} \times 10\sqrt{3} = 25\sqrt{3}$

벡터와 공간 도형

① 정답 ②

(i) 태양광선과 밑면이 접하는 쪽의 반원의 정사영의 넓이는
$36\pi \times \dfrac{1}{2} = 18\pi$

(ii) 태양광선과 구면이 접하는 쪽의 나머지 부분의 정사영의 넓이는
$36\pi \times \dfrac{1}{2} \times \dfrac{1}{\cos 30°} = 12\sqrt{3}\pi$

(i), (ii)에서 $18\pi + 12\sqrt{3}\pi = 6(3 + 2\sqrt{3})\pi$

② 정답 ②

$\overline{AC}$의 중점을 M이라 두면

$\overline{AM} = \sqrt{\overline{AD}^2 + \overline{DM}^2} = \dfrac{3}{2}$

$\therefore \overline{AC} = 2\overline{AM} = 3$

$\triangle$AMD에서 $\overline{AM} \cdot \overline{DE} = \overline{AD} \cdot \overline{DM}$

$\overline{AM} = \dfrac{3}{2}$, $\overline{AD} = 1$, $\overline{DM} = \dfrac{\sqrt{5}}{2}$이므로 $\overline{DE} = \dfrac{\sqrt{5}}{3}$

여기서 $\triangle$ADE는 직각삼각형이므로 $\overline{AE} = \dfrac{2}{3}$

$\therefore |\overrightarrow{AE}| = k \cdot |\vec{a} + \vec{b}| = k \cdot |\overrightarrow{AC}| = 3k = \dfrac{2}{3}$

$\therefore k = \dfrac{2}{9}$

③ 정답 ④

ㄱ. 점 P는 4초 만에 원점을 지난다.

점 Q는 $(2+\sqrt{2})$초에 원점을 지난다.

점 P, Q가 각각 a, b바퀴를 돌았다고 하면

$4a = (2+\sqrt{2})b$를 만족하는 순서쌍은 (0, 0)밖에 없으므로 처음 출발할 때만 만난다. (참)

ㄴ. $\overline{PQ} = 2 - \sqrt{2}$ (거짓)

ㄷ. $\overline{PQ} = \sqrt{2}$ (참)

④ 정답 ④

$\overline{AG} = \sqrt{3}$, $\overline{AB} = 1$, $\overline{GB} = \sqrt{2}$이므로 $\triangle$ABG는 직각삼각형이다.

점 B에서 $\overline{AG}$에 내린 수선의 발을 H라 하면

$\overline{BH} = \dfrac{\sqrt{6}}{3}$이고 $\overline{AH} = \dfrac{\sqrt{3}}{3}$이므로

$a=\dfrac{\sqrt{3}}{3}$, $b=\dfrac{\sqrt{6}}{3}$

$\therefore ab=\dfrac{\sqrt{2}}{3}$

 05 　　　　정답 17

$\overline{PQ}$∥$\overline{EG}$이므로 평면 PMQ는 평면 PEGQ에 포함된다.

따라서 θ는 평면 PEGQ와 평면 EFGH가 이루는 예각이다.

정육면체의 한 변의 길이를 4라 하면

$\overline{PQ}=\sqrt{2^2+2^2}=2\sqrt{2}$,

$\overline{EG}=\sqrt{4^2+4^2}=4\sqrt{2}$,

$\overline{QG}=\overline{PE}=\sqrt{2^2+4^2}=2\sqrt{5}$

이므로 사각형 PEGQ는 등변사다리꼴이다.

점 Q에서 변 EG에 내린 수선의 발을 I라 하면 그림에서

$\overline{QI}=\sqrt{(2\sqrt{5})^2-(\sqrt{2})^2}=3\sqrt{2}$

점 Q에서 평면 EFGH에 내린 수선의 발을 K라 하면 점 Q에서 평면 EFGH에 이르는 거리가 4이므로 $\overline{QK}=4$

삼수선의 정리에 의해서 ∠QIK=θ이므로

$\sin\theta=\dfrac{4}{3\sqrt{2}}=\dfrac{2\sqrt{2}}{3}$

이때 $\cos\theta=\sqrt{1-\sin^2\theta}=\dfrac{1}{3}$이므로

$\tan^2\theta+\dfrac{1}{\cos^2\theta}=\dfrac{\sin^2\theta+1}{\cos^2\theta}=\dfrac{2-\cos^2\theta}{\cos^2\theta}==17$

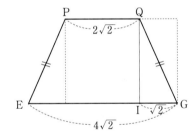

 06 　　　　정답 ⑤

주어진 전개도로 사면체를 만들 때, 전개도의 점 D, E, F는 일치한다. 사면체에서 이 세 점을 P라 하자.

사면체 PABC의 점 P에서

면 APC와 면 ABC의 교선 AC에 내린 수선의 발을 H,

점 P에서 평면 ABC에 내린 수선의 발을 G라 할 때,

이면각의 정의에 의하여 $\cos\theta=\dfrac{\overline{HG}}{\overline{PH}}$이다.

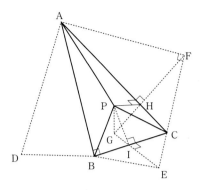

삼각형 PAC와 삼각형 FAC가 합동이므로

$\overline{PH}\perp\overline{AC}$, $\overline{FH}\perp\overline{AC}$이다.

따라서 삼수선의 정리에 의하여 점 G는 직선 FH 위에 존재한다.

점 P에서 면 PBC와 면 ABC의 교선 BC에 내린 수선의 발을 I라 하면 삼각형 PBC와 삼각형 EBC가 합동이므로

$\overline{PH}\perp\overline{BC}$, $\overline{EH}\perp\overline{BC}$이다.

따라서 삼수선의 정리에 의하여 점 G는 직선 EI 위에 존재한다.

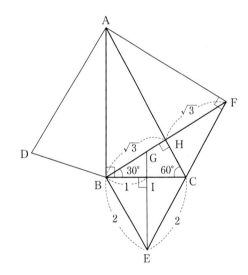

$\overline{CF}=\overline{CE}=2$이므로 두 직각삼각형 ABC, AFC는 합동이다.

따라서 점 F와 점 B에서 선분 AC에 내린 수선의 발은 일치한다.

따라서 직선 FH는 점 B를 지난다.

$\cos(\angle ACB)=\dfrac{1}{2}$이므로

∠ACB=60°이고 ∠CBH=30°이다.

$\therefore \overline{FH}=\overline{BH}=2\sin60°=\sqrt{3}$

$\overline{BG}\cos30°=1$에서 $\overline{BG}=\dfrac{2\sqrt{3}}{3}$

$\overline{HG}=\overline{BH}-\overline{BG}=\dfrac{\sqrt{3}}{3}$

$\therefore \cos\theta=\dfrac{\overline{HG}}{\overline{PH}}=\dfrac{\frac{\sqrt{3}}{3}}{\sqrt{3}}=\dfrac{1}{3}$ $(\because \overline{PH}=\overline{FH})$

07

정답 14

구 $(x-6)^2+(y+1)^2+(z-5)^2=16$은 중심이 $(6, -1, 5)$이고 반지름이 4이다.

원 $(y-2)^2+(z-1)^2=9$는 중심이 $(0, 2, 1)$이고 반지름이 3이다.

구의 중심을 $C_1(6, -1, 5)$, 원의 중심을 $C_2(0, 2, 1)$라 하고 C_1에서 yz평면에 내린 수선의 발을 $H(0, -1, 5)$라 하자.

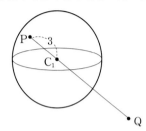

원 위를 움직이는 점 Q를 고정시킬 때, 점 Q에 대하여 $\overline{PQ}$가 최대가 되도록 하는 점 P는 직선 C_1Q 위에 놓인다.

이때, $\overline{PQ}$의 최댓값은 $\overline{PC_1}+\overline{C_1Q}=4+\overline{C_1Q}$이다.

따라서 $\overline{C_1Q}$가 최대일 때, $\overline{PQ}$가 최대가 된다.

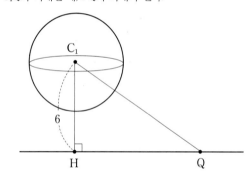

$\overline{C_1Q}=\sqrt{\overline{C_1H}^2+\overline{HQ}^2}=\sqrt{6^2+\overline{HQ}^2}$

따라서 $\overline{HQ}$가 최대일 때, $\overline{C_1Q}$가 최대가 된다.

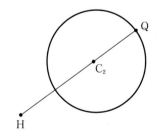

$\overline{HQ}$가 최대가 되도록 하는 점 Q는 직선 HC_2 위에 놓인다.

이때, 최댓값은

$\overline{HC_2}+\overline{C_2Q}=\sqrt{0^2+3^2+(-4)^2}+3=8$이다.

따라서 $\overline{C_1Q}$의 최댓값은

$\sqrt{6^2+\overline{HQ}^2}=\sqrt{6^2+8^2}=10$이다.

따라서 $\overline{PQ}$의 최댓값은 $4+\overline{C_1Q}=14$이다.

08

정답 ④

주어진 입체를 옆면 ABFE가 정면에서 보이도록 나타낼 때, 구는 다음 그림과 같이 변 AB, AE, BF에 동시에 접하는 원이다.

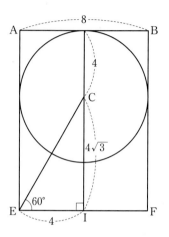

위 그림에서 원의 중심을 C, 점 C에서 변 EF에 내린 수선의 발을 I라 하자.

원의 반지름의 길이가 4이고 $\overline{AE}=4+4\sqrt{3}$ 이므로 $\overline{CI}=4\sqrt{3}$ 이다.

직각삼각형 CEI에서 $\overline{EI}=4$이므로 $\angle CEI=60°$이다.

따라서 삼각형 CEF는 한 변의 길이가 8인 정삼각형이다.

$S_1>S_2$이므로 점 P는 점 F에서 원에 그은 접선 위에 존재한다.

그런데 점 F에서 선분 CE에 내린 수선의 발은 선분 CE를 수직이등분하므로 점 P는 선분 CE의 중점이고 점 P에서 직선 PF와 원이 접한다.

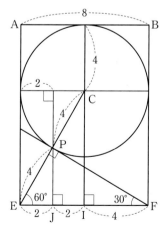

점 P에서 선분 EF에 내린 수선의 발을 J라 할 때, $\overline{EJ}=2$이다.

구의 중심을 지나며 직육면체의 밑면에 평행한 평면으로 주어진 입체를 자른 단면을 α라 하자.

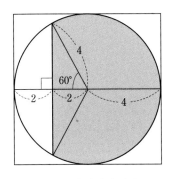

S_1은 위 그림의 어두운 부분에 의해서 평면 PFGQ에 생기는 그림자의 넓이와 같다.

평면 α와 평면 PFGQ가 이루는 각은 30°이므로

$$S_1\cos 30° = \frac{32}{3}\pi + 4\sqrt{3}$$

$$\therefore S_1 = \frac{64}{3\sqrt{3}}\pi + 8$$

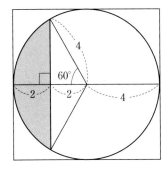

S_2은 위 그림의 어두운 부분에 의해서 평면 EPQH에 생기는 그림자의 넓이와 같다.

평면 α와 평면 EPQH가 이루는 각은 60°이므로

$$S_2\cos 60° = \frac{16}{3}\pi - 4\sqrt{3}$$

$$\therefore S_2 = \frac{32}{3}\pi - 8\sqrt{3}$$

$$\therefore S_1 + \frac{1}{\sqrt{3}}S_2 = \left(\frac{64}{3\sqrt{3}}\pi + 8\right) + \frac{1}{\sqrt{3}}\left(\frac{32}{3}\pi - 8\sqrt{3}\right)$$

$$= \frac{32}{\sqrt{3}}\pi = \frac{32\sqrt{3}}{3}\pi$$

09 정답 ①

$2B - A = 2(3, 1, -2) - (1, 2, -1) = (5, 0, -3)$

10 정답 ③

$2\vec{a} = (2x, 6)$, $\vec{b} - \vec{c} = (4, y-5)$ 이므로 $2x = 4$, $6 = y-5$에서

$x = 2$, $y = 11$

$\therefore x + y = 13$

11 정답 ⑤

선분 AB의 방향벡터는 $(6, -6, 18)$이므로,

$\frac{x}{6} = \frac{y-2}{-6} = \frac{z+3}{18} = t$에서

점 $C(6t, -6t+2, 18t-3)$이라 둘 수 있다.

$A'(0, 2, 0)$, $B'(6, -4, 0)$, $C'(6t, -6t+2, 0)$이므로

$2\overline{A'C'} = \overline{C'B'}$에서 $2\sqrt{(6t)^2 + (6t)^2} = \sqrt{(6t-6)^2 + (6t-6)^2}$ 이다.

양변 제곱하면 $4 \times (36t^2 + 36t^2) = 2 \times (6t-6)^2$, $t = -1, \frac{1}{3}$이다.

이 때, $t = -1$이면 선분 AB위에 점 C가 있지 않으므로

$t = \frac{1}{3}$이다.

$\therefore C(2, 0, 3)$

12 정답 ②

$\overline{OA} = \sqrt{a^2 + (-3)^2 + 4^2} = \sqrt{a^2 + 25} = \sqrt{27}$, $\therefore a = \sqrt{2}$

즉, 구 $S = (x - \sqrt{2})^2 + (y+3)^2 + (z-4)^2 = 25$

($\because$ 반지름=x축까지의 거리=5)이고

z축과 만나는 점은 $x = 0$, $y = 0$을 대입하면 되므로,

$2 + 9 + (z-4)^2 = 25$, $z = 4 \pm \sqrt{14}$

$\therefore$ 두 점 사이의 거리 $= 2\sqrt{14}$

13 정답 ④

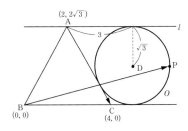

점 B를 $(0, 0)$라 하자.

원의 중심을 D라 하면, $D(5, \sqrt{3})$이다.

$\overrightarrow{AC} = (2, -2\sqrt{3})$, $\overrightarrow{BP} = \overrightarrow{BD} + \overrightarrow{DP}$이고, $\overrightarrow{DP}$는 크기가 $\sqrt{3}$이고 모든 방향이 가능하다.

즉, $\overrightarrow{AC} + \overrightarrow{BP} = (7, -\sqrt{3}) + \overrightarrow{DP}$에서

$|\overrightarrow{AC} + \overrightarrow{BP}|$의 최대 M: $\sqrt{49+3} + \sqrt{3}$, 최소 m: $\sqrt{49+3} - \sqrt{3}$

$\therefore Mm = 49$

⑭

정답 ⑤

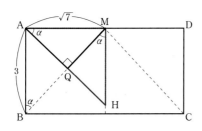

[그림 1]

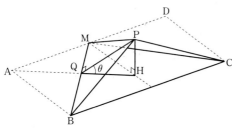

[그림 2]

$\cos\theta = \dfrac{\overline{QH}}{\overline{PQ}}$ 이고, $\overline{PQ} = \overline{AQ}$ 이다.

[그림1]의 $\triangle AQM$에서, $\overline{AQ} = \sqrt{7}\cos\alpha$ 이고 $\triangle MQH$에서, $\overline{QH} = \overline{MQ}\tan\alpha = \sqrt{7}\sin\alpha\tan\alpha$ 이다.

또한 $\triangle ABM$에서 $\sin\alpha = \dfrac{\sqrt{7}}{4}$, $\cos\alpha = \dfrac{3}{4}$, $\tan\alpha = \dfrac{\sqrt{7}}{3}$ 이므로,

$\therefore \cos\theta = \dfrac{\overline{QH}}{\overline{PQ}} = \dfrac{\sqrt{7} \times \dfrac{\sqrt{7}}{4} \times \dfrac{\sqrt{7}}{3}}{\sqrt{7} \times \dfrac{3}{4}} = \dfrac{7}{9}$

⑮

정답 37

(가)

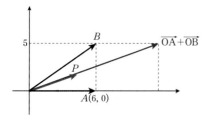

점 P에서 x축에 내린 수선의 발을 P′라 하면

$\overrightarrow{OA} \cdot \overrightarrow{OP} \le 21$, $|\overrightarrow{OA}| \times |\overrightarrow{OP'}| \le 21$

$\therefore 0 \le$ P의 x좌표 $\le \dfrac{21}{6}$

(나) $|\overrightarrow{AQ}| = |\overrightarrow{AB}|$ 이므로 점 Q는 점 A가 중심이고 반지름이 5인 원 위의 점이다.

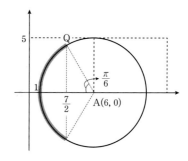

점 Q에서 x축에 내린 수선의 발을 Q′라 하면 $\overrightarrow{OA} \cdot \overrightarrow{OQ} \le 21$, $|\overrightarrow{OA}| \times |\overrightarrow{OQ'}| \le 21$

$\therefore 1 \le$ P의 x좌표 $\le \dfrac{21}{6}$

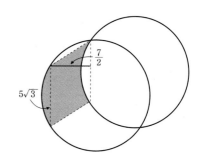

즉, $\overrightarrow{OX} = \overrightarrow{OP} + \overrightarrow{OQ}$가 나타내는 도형 넓이:

$\dfrac{7}{2} \times 5\sqrt{3} = \dfrac{35\sqrt{3}}{2}$, $\therefore p + q = 37$

⑯

정답 ①

$Q(2, -1, -3)$이므로 $\therefore \overline{PQ} = 2\sqrt{10}$

⑰

정답 ⑤

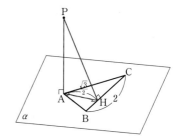

수학 영역(기하)

△ABC는 직각삼각형이므로 $\overline{BC}=2$이고, 그림에서와 같이 A에서 $\overline{BC}$에 내린 수선의 발을 H라 하면, $\overline{AH}=\frac{\sqrt{3}}{2}$이다. 삼수선의 정리에 따라 $\overline{PA}\perp\overline{AH}$, $\overline{PH}\perp\overline{BC}$ 이므로 점 P와 $\overline{BC}$ 사이의 거리는 $\overline{BH}$이다. $\therefore \overline{BH}=\sqrt{4+\frac{3}{4}}=\frac{\sqrt{19}}{2}$

⑱ 　　정답 ③

$\overline{AD}$ 는 $\overline{BC}$의 수직이등분선이므로 $m=n$
△BDM ∽ △ADM이고 $\overline{MD}:\overline{AM}=1:3$이므로
$\overline{AM}=\frac{1}{2}(\overrightarrow{AB}+\overrightarrow{AC}) \Rightarrow \overrightarrow{AD}=\frac{4}{3}\overrightarrow{AM}=\frac{2}{3}(\overrightarrow{AB}+\overrightarrow{AC})$
$\therefore m=n=\frac{2}{3}, m+n=\frac{4}{3}$

⑲ 　　정답 261

구 S : $(x-4)^2+(y-3)^2+(z-2)^2=29$를 $z=0$ ($\because xy$평 면),
$z=7$에서의 평면화한 그림은 아래와 같다.

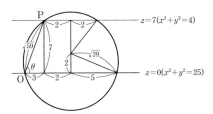

(가)에 의해 평면 α와 xy평면이 이루는 각은 θ이고, 원 C의 반지름 길이는 $\sqrt{\frac{58}{2}}$ 이므로 원 C의 xy평면 위로의 정사영 넓이는
$k\pi=\left(\frac{\sqrt{58}}{2}\right)^2\pi\times\frac{3}{\sqrt{58}}=\frac{3\sqrt{58}}{4}\pi$
$\therefore 8k^2=8\times\frac{9\times58}{16}=261$

⑳ 　　정답 7

점 C는 $y=-2x$위의 점이고 점 P의 좌표를 $P(x,y)$라 두자.
(가) : $5(4,-6)\cdot(x,y)-(2,6)\cdot(x-6,y)=12 \Rightarrow y=\frac{1}{2}x$이므로
점 P는 직선 $y=\frac{1}{2}x$위의 점이다.
직선 AB : $y=-\frac{3}{2}(x-6)$과 $y=\frac{1}{2}x$의 교점을 D라 하면,
$D\left(\frac{9}{2},\frac{9}{4}\right)$

직선 BC와 직선 $y=\frac{1}{2}x$의 교점을 E라 두면, 점 P는 △ABC내부 또는 변 위의 점이면서 직선 $y=\frac{1}{2}x$위의 점이어야 하므로 점 P가 나타내는 도형은 선분 DE이다.

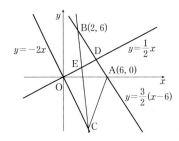

$\overline{BE}=\sqrt{5}$ 이고, 점 B는 점 E를 x축 방향으로 -2, y축 방향으로 -1 만큼 평행이동한 점이므로 $B\left(\frac{5}{2},\frac{5}{4}\right)$이다.
직선 BE : $y=-\frac{19}{2}(x-2)+6$와 $y=-2x$의 교점이 점 C이므로
$C\left(\frac{10}{3},-\frac{20}{3}\right)$
$\therefore \overrightarrow{OA}\cdot\overrightarrow{CP}\le\overrightarrow{OA}\cdot\overrightarrow{CD}=(6,0)\cdot\left(\frac{7}{6},\frac{107}{12}\right)=7$

기출문제 총정리 정답과 해설 **383**

부록

사다리 수학영역 기출문제 인덱스

사다리 수학영역 기출문제 인덱스

MEMO